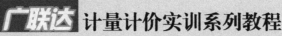

广联达 计量计价实训系列教程

GUANGLIANDA JILIANG JIJIA SHIXUN XILIE JIAOCHENG

建筑工程量计算实训教程（陕西版）

JIANZHU GONGCHENGLIANG JISUAN SHIXUN JIAOCHENG

主　编　张玉生　王全杰　张小林

副主编　孟繁增　岳亚峰　郑　宏

参　编　（按拼音排序）

陈莉粉　陈兴平　党　斌　郝　凡

贾　玲　李宇民　刘石友　牛　波

聂　瑞　孙　婧　田　鲲　王碧剑

王彩雪　王战峰　杨红霞

重庆大学出版社

内容提要

本书是《广联达计量计价实训系列教程》中建筑工程量计算的环节，详细介绍了如何识图，如何从清单与定额的角度进行分析，确定算什么、如何算的问题；然后，讲解了如何应用广联达土建算量软件完成工程量的计算。通过本书的学习，可以让学生掌握正确的算量流程，掌握软件的应用方法，能够独立完成工程量的计算。

本书可作为高等职业教育工程造价专业实训用教材，也可作为建筑工程技术专业、监理专业等的教学参考用书，还可作为岗位培训教材或供土建工程技术人员学习参考。

图书在版编目(CIP)数据

建筑工程量计算实训教程：陕西版/张玉生，王全杰，张小林主编．—重庆：重庆大学出版社，2012.9(2020.8 重印)
广联达计量计价实训系列教程
ISBN 978-7-5624-6979-7

Ⅰ.①建… Ⅱ.①张…②王…③张… Ⅲ.①建筑工程—工程造价—教材 Ⅳ.①TU723.3

中国版本图书馆 CIP 数据核字(2012)第 212819 号

广联达计量计价实训系列教程
建筑工程量计算实训教程
(陕西版)
主　编　张玉生　王全杰　张小林
副主编　孟繁增　岳亚峰　郑　宏
策划编辑：林青山　刘颖果
责任编辑：李定群　姜　凤　　版式设计：彭　燕
责任校对：邬小梅　　　　　　责任印制：赵　晟

*

重庆大学出版社出版发行
出版人：饶帮华
社址：重庆市沙坪坝区大学城西路 21 号
邮编：401331
电话：(023) 88617190　88617185(中小学)
传真：(023) 88617186　88617166
网址：http://www.cqup.com.cn
邮箱：fxk@cqup.com.cn (营销中心)
全国新华书店经销
POD：重庆新生代彩印技术有限公司

*

开本：787mm×1092mm　1/16　印张：11.5　字数：287 千
2012 年 9 月第 1 版　2020 年 8 月第 11 次印刷
ISBN 978-7-5624-6979-7　定价：25.00 元

出版说明

近年来，每次与工程造价专业的老师交流时，他们都希望能够有一套广联达造价系列软件的实训教程，以切实提高教学效果，让学生通过实训能够掌握应用软件编制造价的技能，从而满足企业对工程造价人才的需求，达到“零适应期”的应用教学目标。

围绕工程造价专业学生“零适应期”的应用教学目标，我们对150多家企业进行了深度调研，包括：建筑安装施工企业69家、房地产开发企业21家、工程造价咨询企业25家、建设管理单位27家。通过调研，我们分析总结出企业对工程造价人才的四点核心要求：

1. 识读建筑工程图纸能力　90%
2. 编制招投标价格和标书能力　87%
3. 造价软件运用能力　94%
4. 沟通、协作能力强　85%

同时，我们还调研了包括本科、高职、中职近300家院校，从中我们了解到各院校工程造价实训教学的推行情况，以及对软件实训教学的期待：

1. 进行计量计价手工实训　98%
2. 造价软件实训教学　85%
3. 造价软件作为课程教学　93%
4. 采用本地定额与清单进行实训教学　96%
5. 合适图纸难找　80%
6. 不经常使用软件，对软件功能掌握不熟练　36%
7. 软件教学准备时间长、投入大，尤其需要编制答案　73%
8. 学生的学习效果不好评估　90%
9. 答疑困难，软件中相互影响因素多　94%
10. 计量计价课程要理论与实际紧密结合　98%

通过同企业和学校的广泛交流与调研，得到如下结论：

1. 工程造价专业计量计价实训是一门将工程识图、工程结构、计量计价等相关课程的知识、理论、方法与实际工作相结合的应用性课程。

2. 工程造价技能需要实践。在工程造价实际业务的实践中，能够更深入领会所学知识，全面透彻理解知识体系，做到融会贯通、知行合一。

3. 工程造价需要团队协作。随着建筑工程规模的扩大，工程多样性、差异性、复杂性的提高，工期要求越来越紧，工程造价人员需要通过多人协作来完成项目，因此，造价课程的实践需要以团队合作方式进行，在过程中培养学生的团队合作精神。

工程计量与计价是造价人员的核心技能，计量计价实训课程是学生从学校走向工作岗位的练兵场，架起了学校与企业之间的桥梁。

计量计价课程的开发团队需要企业业务专家、学校优秀教师、软件企业金牌讲师三方的精诚协作，共同完成。业务专家以提供实际业务案例、优秀的业务实践流程、工作成果要求为重点；教师以教学方式、章节划分、课时安排为重点；软件讲师则以如何应用软件解决业务问题、软件应用流程、软件功能讲解为重点。

应计量计价课程本地化的要求，我们组建了由企业、学校、软件公司三方专家构成的地方专家编审委员会，确定了课程编写原则：

1. 培养学生的工作技能、方法、思路；
2. 采用实际工程案例；
3. 以工作任务为导向，任务驱动的方式；
4. 加强业务联系实际，包括工程识图，从定额与清单两个角度分析算什么、如何算；
5. 以团队协作的方式进行实践，加强讨论与分享环节；
6. 课程应以技能培训的实效作为检验的唯一标准；
7. 课程应方便教师教学，做到好教、易学。

在上述调研分析的基础上，编委会确定了4本教程。

实训教程

1.《办公大厦建筑工程图》
2.《钢筋工程量计算实训教程》
3.《建筑工程量计算实训教程》
4.《工程量清单计价实训教程》

为了方便教师开展教学，切实提高教学质量，除教材以外还配套以下教学资源：

教学指南

5.《钢筋工程量计算实训教学指南》
6.《建筑工程量计算实训教学指南》
7.《工程量清单计价实训教学指南》

教学参考

8. 钢筋工程量计算实训授课PPT
9. 建筑工程量计算实训授课PPT
10. 工程量清单计价实训授课PPT
11. 钢筋工程量计算实训教学参考视频
12. 建筑工程量计算实训教学参考视频
13. 工程量清单计价实训教学参考视频
14. 钢筋工程量计算实训阶段参考答案

15. 建筑工程量计算实训阶段参考答案

16. 工程量清单计价实训阶段参考答案

教学软件

17. 广联达钢筋抽样　GGJ2009

18. 广联达土建算量　GCL2008

19. 广联达工程量清单组价　GBQ4.0

20. 广联达钢筋评分软件　GGPF2009(可以批量地对钢筋算量工程进行评分)

21. 广联达土建算量评分软件　GTPF2008(可以批量地对土建算量工程进行评分)

22. 广联达钢筋对量软件　GSS2011(可以快速查找学生工程与标准答案之间的区别,找出问题所在)

23. 广联达图形对量软件　GST2011

24. 广联达计价审核软件　GSH4.0(快速查找两个组价文件之间的不同之处)

以上教程外的5~24项内容由广联达软件股份有限公司以课程的方式提供。

教程中业务分析由各地业务专家及教师编写,软件操作部分由广联达软件股份有限公司讲师编写,课程中各阶段工程由专家及教师编制完成(由广联达软件股份有限公司审核),教学指南、教学PPT、教学视频由广联达软件股份有限公司组织编写并录制,教学软件需求由企业专家、学校教师共同编制,教学相关软件由广联达软件股份有限公司开发。

本教程编制框架分为7个部分:

1. 图纸分析,解决识图的问题;

2. 业务分析,从清单、定额两个方面进行分析,解决本工程要算什么以及如何算的问题;

3. 如何应用软件进行计算;

4. 本阶段的实战任务;

5. 工程实战分析;

6. 练习与思考;

7. 知识拓展。

计量计价实训系列教程将工程项目招标文件的编制过程,细分为110个工作任务,以团队方式,从图纸分析、业务分析、软件学习、软件实践,到结果分析,让大家完整地学习应用软件进行工程造价计量与计价的全过程;本教程明确了学习主线,提供了详细的工作方法,并紧扣实际业务,让学生能够真正掌握高效的造价业务信息化技能。

本课程的授课建议流程如下:

1. 以团队的方式进行图纸分析,找出各任务中涉及构件的关键参数;

2. 以团队的方式从定额、清单的角度进行业务分析,确定算什么、如何算;

3. 明确本阶段软件应用的重要功能,播放视频进行软件学习;

4. 完成工程实战任务,提交工程给教师,利用评分软件进行评分;

5. 核量与错误分析,讲师提供本阶段的标准工程,学生利用对量与审核软件进行分析。

本教程由广联达软件股份有限公司王全杰、陕西职业技术学院张玉生、杨凌职业技术学院张小林担任主编,由陕西国防工业职业技术学院孟繁增、西安欧亚学院岳亚峰、长安大学郑宏担任副主编,参与教程方案设计、编制、审核工作。同时参与编制人员还有陈莉粉、贾玲、孙婧、刘石友、陈兴平、党斌、李宇民、牛波、王碧剑、田鲲、王战峰、聂瑞、王彩雪、郝凡、杨红霞,在此一并表示衷心的感谢。

在课程方案设计阶段,借鉴了韩红霞老师造价业务实训方案、实训培训方法,从而保证了本系列教程的实用性、有效性;同时,本教程汲取了天融造价历时3年近200多人的实训教学经验,让该教程内容更适合初学者。另外,感谢编委会对教程提出的宝贵意见。

在本教程编写过程中,得到了河南运照工程管理公司总经理柴润照先生的鼎力支持,为课程编制小组提供了周到的服务与专业支持,在此深表感谢!在本教程的调研编制过程中,工程教育事业部高杨经理、周晓奉、李永涛、王光思、李洪涛、沈默等同事给予了热情的帮助,对课程方案提出了中肯的建议,在此表示诚挚的感谢。

本套教程在编写过程中,虽然经过反复斟酌和校对,但由于时间紧迫,难免存在不足之处,诚望广大读者提出宝贵意见,以便再版时修改完善。

编审委员会

2012年8月

目录

第1篇　算量基础知识

第2篇　基础功能学习

第1篇 算量基础知识

本篇内容简介

建施、结施识图

土建算量软件算量原理

本篇教学目标

分析图纸的重点内容，提取算量的关键信息

从造价的角度进行识图

描述土建算量软件的基本流程

对于预算初学者,拿到图纸及造价编制要求后,面对手中的图纸、资料、要求等大堆资料往往无从下手,究其原因,主要集中在以下两个方面:

①看着密密麻麻的建筑说明、结构说明中的字眼,有关预算的“关键字眼”是哪些呢?

②针对常见的框架、框剪、砖混 3 种结构,分别应从哪里入手开始进行算量工作?

下面就针对这些问题,结合《办公大厦建筑工程图》从读图、列项逐一分析。

第 1 章　建施、结施识图

对于房屋建筑土建施工图纸,大多分为建筑施工图和结构施工图。建筑施工图纸大多由总平面布置图,建筑设计说明,各楼层平面图、立面图、剖面图,节点详图、楼梯详图组成;结构施工图大多由结构说明,基础平面图及基础详图,剪力墙配筋图,各层剪力墙暗柱、端柱配筋表,各层梁平法配筋图,各层楼板配筋平面图,楼梯配筋详图,节点详图等组成。下面就这些分类结合《办公大厦建筑工程图》分别对其功能、特点逐一介绍。

1.1　建筑施工图

1)总平面布置图

(1)概念

建筑总平面布置图,是表明新建房屋所在基础有关范围内的总体布置,它反映新建、拟建、原有和拆除的房屋、构筑物等的位置和朝向,室外场地、道路、绿化等的布置,地形、地貌、标高等以及原有环境的关系和邻界情况等。建筑总平面布置图也是房屋及其他设施施工的定位、土方施工以及绘制水、暖、电等管线总平面图和施工总平面图的依据。

(2)对编制工程预算的作用

①结合拟建建筑物位置,确定塔吊的位置及数量。

②结合场地总平面位置情况,考虑是否存在二次搬运。

③结合拟建工程与原有建筑物的位置关系,考虑土方支护、放坡、土方堆放调配等问题。

④结合拟建工程之间的关系,综合考虑建筑物的共有构件等问题。

2)建筑设计说明

(1)概念

建筑设计说明,是对拟建建筑物的总体说明。

(2)包含内容

①建筑施工图目录。

②设计依据:设计所依据的标准、规定、文件等。

③工程概况:内容一般应包括建筑名称、建设地点、建设单位、建筑面积、建筑基底面积、建筑工程等级、设计使用年限、建筑层数和建筑高度、防火设计建筑分类和耐火等级、人防工

程防护等级、屋面防水等级、地下室防水等级、抗震设防烈度等，以及能反映建筑规模的主要技术经济指标，如住宅的套型和套数（包括每套的建筑面积、使用面积、阳台建筑面积，房间的使用面积可在平面图中标注）、旅馆的客房间数和床位数、医院的门诊人次和住院部的床位数、车库的停车泊位数等。

④建筑物定位及设计标高、高度。

⑤图例。

⑥用料说明和室内外装修。

⑦对采用新技术、新材料的做法说明及对特殊建筑造型和必要的建筑构造的说明。

⑧门窗表及门窗性能（防火、隔声、防护、抗风压、保温、空气渗透、雨水渗透等）、用料、颜色、玻璃、五金件等的设计要求。

⑨幕墙工程（包括玻璃、金属、石材等）及特殊的屋面工程（包括金属、玻璃、膜结构等）的性能及制作要求，平面图、预埋件安装图等以及防火、安全、隔音构造。

⑩电梯（自动扶梯）选择及性能说明（功能、载重量、速度、停站数、提升高度等）。

⑪墙体及楼板预留孔洞需封堵时的封堵方式说明。

⑫其他需要说明的问题。

(3)编制预算时需思考的问题

①该建筑物的建设地点在哪里？（涉及税金等费用问题）

②该建筑物的总建筑面积是多少？地上、地下建筑面积各是多少？（可根据经验，对此建筑物估算造价的大约数目）

③图例。（图纸中的特殊符号表示什么意思？帮助我们读图）

④层数是多少？高度是多少？（是否产生超高增加费）

⑤填充墙体采用什么材质？厚度是多少？砌筑砂浆标号是多少？特殊部位墙体是否有特殊要求？（查套填充墙子目）

⑥是否有关于墙体粉刷防裂的具体措施？（比如在混凝土构件与填充墙交接部位设置钢丝网片）

⑦是否有相关构造柱、过梁、压顶的设置说明？（此内容不在图纸上画出，但也需要计算造价）

⑧门窗采用什么材质？对玻璃的特殊要求是什么？对框料的要求是什么？有什么五金？门窗的油漆情况？是否需要设置护窗栏杆？（查套门窗、栏杆相关子目）

⑨有几种屋面？构造做法分别是什么？或者采用哪本图集？（查套屋面子目）

⑩屋面排水的形式。（计算落水管的工程量及查套子目）

⑪外墙保温的形式、保温材料及厚度。（查套外墙保温子目）

⑫外墙装修分几种？做法分别是什么？（查套外装修子目）

⑬室内有几种房间？它们的楼地面、墙面、墙裙、踢脚、天棚（吊顶）的装修做法是什么？或者采用哪本图集？（查套房间装修子目）

问题思考

请结合《办公大厦建筑工程图》，思考上述问题。

3)各层平面图

(1)综述

在窗台上边用一个水平剖切面将房子水平剖开,移去上半部分,从上向下俯视它的下半部分,可看到房子的四周外墙和墙上的门窗、内墙和墙上的门,以及房子周围的散水、台阶等。将看到的部分都画出来,并注上尺寸,就是平面图。

(2)编制预算时需思考的问题

①地下 n 层平面图:

a. 注意地下室平面图的用途、地下室墙体的厚度及材质。(结合"建筑设计说明")

b. 注意进入地下室的渠道。(是与其他邻近建筑地下室连通？还是本建筑物地下室独立？进入地下室的楼梯在什么位置?)

c. 注意图纸下方对此楼层的特殊说明。

②首层平面图:

a. 通看平面图,是否存在对称的情况?

b. 台阶、坡道的位置在哪里？台阶挡墙的做法是否有节点引出？台阶的构造做法采用哪本图集？坡道的位置在哪里？坡道的构造做法采用哪本图集？坡道栏杆的做法是什么？(台阶、坡道的做法有时也会在"建筑设计说明"中明确)

c. 散水的宽度是多少？做法采用的图集号是多少？(散水做法有时也会在"建筑设计说明"中明确)

d. 首层的大门、门厅位置在哪里?(与二层平面图中的雨篷相对应)

e. 首层墙体的厚度、材质、砌筑要求?(可结合"建筑设计说明"对照来读)

f. 是否有节点详图引出标志?(如有节点引出标志,则需对照相应节点号找到详图,以帮助其全面理解图纸)

g. 注意图纸下方对此楼层的特殊说明。

③二层平面图:

a. 是否存在平面对称或户型相同的情况?

b. 雨篷的位置在哪里?(与首层大门位置一致)

c. 二层墙体的厚度、材质、砌筑要求。(可结合"建筑设计说明"对照来读)

d. 是否有节点详图引出标志?(如有节点引出标志,则需对照相应节点号找到详图,以帮助其全面理解图纸)

e. 注意图纸下方对此楼层的特殊说明。

④其他层平面图:

a. 是否存在平面对称或户型相同的情况?

b. 当前层墙体的厚度、材质、砌筑要求?(可结合"建筑设计说明"对照来读)

c. 是否有节点详图引出标志?(如有节点引出标志,则需对照相应节点号找到详图,以帮助其全面理解图纸)

d. 注意当前层与其他楼层平面的异同,并结合立面图、详图、剖面图综合理解。

e. 注意图纸下方对此楼层的特殊说明。

⑤屋面平面图：

a. 屋面结构板顶标高是多少？（结合层高、相应位置结构层板顶标高来读）

b. 屋面女儿墙顶标高是多少？（结合屋面板顶标高计算出女儿墙高度）

c. 查看屋面女儿墙详图。（理解女儿墙造型、压顶造型等信息）

d. 屋面的排水方式是什么？落水管位置及其根数是多少？（结合"建筑设计说明"中关于落水管的说明来理解）

e. 注意屋面造型平面形状，并结合相关详图理解。

f. 注意屋面楼梯间的信息。

4）立面图

（1）综述

从房子的正面看，将可看到的建筑的正立面形状、门窗、外墙裙、台阶、散水、挑檐等都画出来，即形成建筑立面图。

（2）编制预算时需注意的问题

①室外地坪标高是多少？

②查看立面图中门窗洞口尺寸、离地标高等信息，结合各层平面图中门窗的位置，思考过梁的信息；结合"建筑设计说明"中关于护窗栏杆的说明，理解是否存在护窗栏杆。

③结合屋面平面图，从立面图上理解女儿墙及屋面造型。

④结合各层平面图，从立面图上理解空调板、阳台拦板等信息。

⑤结合各层平面图，从立面图理解各层节点位置及装饰位置的信息。

⑥从立面图上理解建筑物各个立面的外装修信息。

⑦结合平面图理解门斗造型信息。

问题思考

请结合《办公大厦建筑工程图》，思考上述问题。

5）剖面图

（1）综述

剖面图的作用是对无法在平面图及立面图上表述清楚的局部剖切，以表述清楚建筑内部的构造，从而补充说明平面图、立面图所不能显示的建筑物内部信息。

（2）编制预算时需注意的问题

①结合平面图、立面图、结构板的标高信息、层高信息及剖切位置，理解建筑物内部构造的信息。

②查看剖面图中关于首层室内外标高信息，结合平面图、立面图理解室内外高差的概念。

③查看剖面图中屋面标高信息，结合屋面平面图及其详图，正确理解屋面板的高差变化等。

问题思考

请结合《办公大厦建筑工程图》，思考上述问题。

6)楼梯详图

(1)综述

楼梯详图由楼梯剖面图、平面图组成。由于平面图、立面图只能显示楼梯的位置,而无法清楚地显示楼梯的走向、踏步、标高、栏杆等细部信息,因此设计中一般用楼梯详图展示。

(2)编制预算时需注意的问题

①结合平面图中楼梯位置、楼梯详图的标高信息,正确理解楼梯作为竖向交通工具的立体状况。(思考关于楼梯平台、楼梯踏步、楼梯休息平台的概念,进一步理解楼梯及楼梯间装修的工程量计算及定额套用的注意事项)

②结合楼梯详图,了解楼梯井的宽度,进一步思考楼梯工程量的计算规则。

③了解楼梯栏杆的详细位置、高度及所用到的图集。

问题思考

请结合《办公大厦建筑工程图》,思考上述问题。

7)节点详图

(1)综述

为了补充说明建筑物细部的构造,从建筑物的平面图、立面图中特意引出需要说明的部位,对相应部位作进一步详细描述,就构成了节点详图。下面就节点详图的表示方法作简要介绍。

①被索引的详图在同一张图纸内,如图1.1所示。

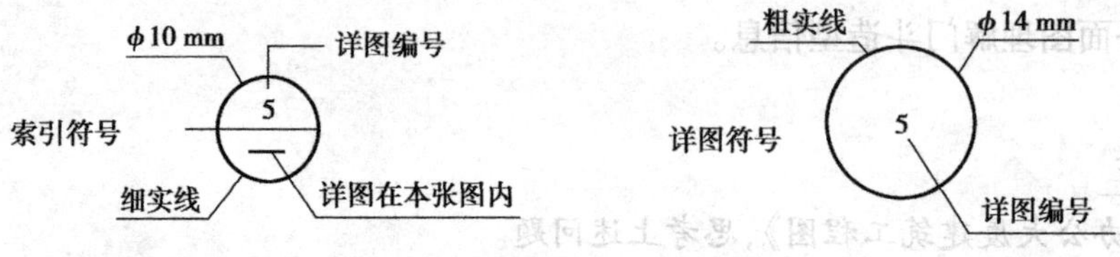

图1.1

②被索引的详图不在同一张图纸内,如图1.2所示。

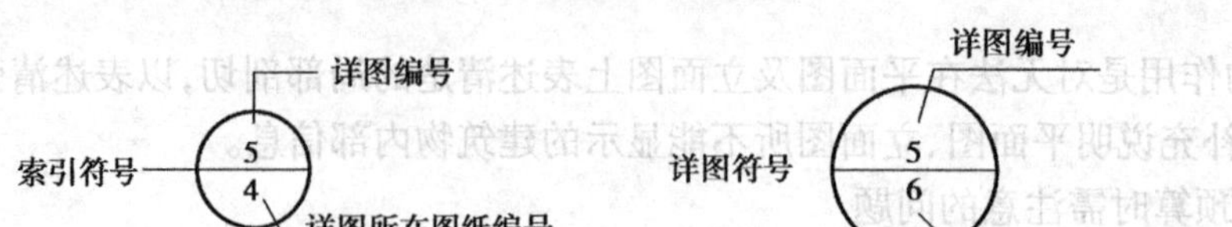

图1.2

③被索引的详图参见的图集,如图1.3所示。

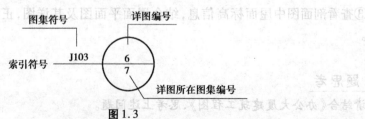

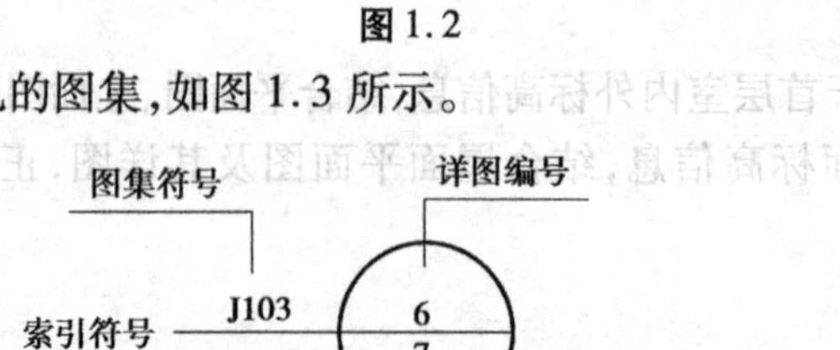

图1.3

④剖视详图在同一张图纸内，如图1.4所示。

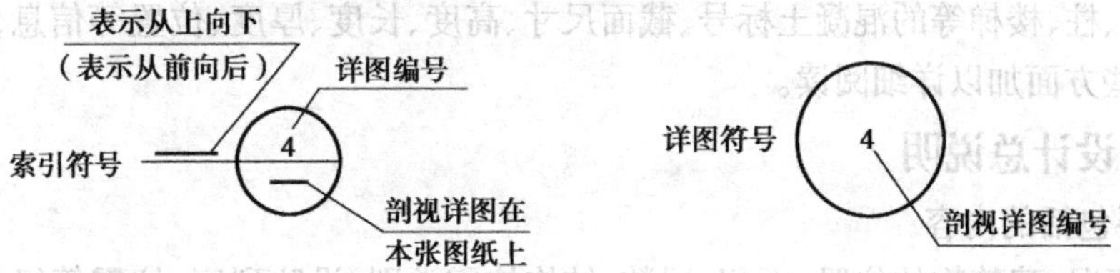

图1.4

⑤索引的剖视详图不在同一张图纸内，如图1.5所示。

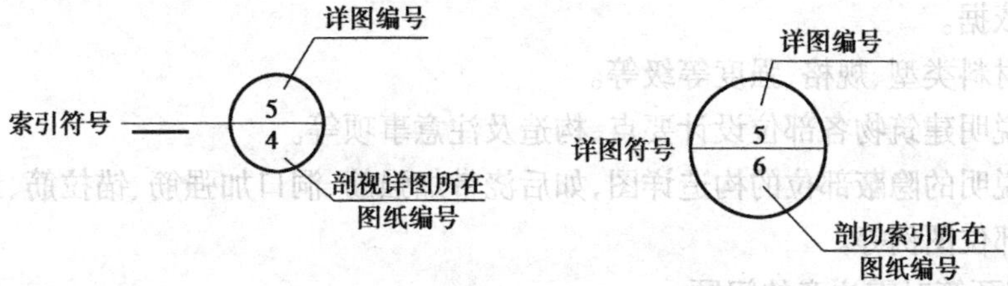

图1.5

（2）编制预算时需注意的问题

①墙身节点详图：

a. 墙身节点详图底部：查看关于散水、排水沟、台阶、勒脚等方面的信息，对照散水宽度是否与平面图一致，参照的散水、排水沟图集是否明确？（图集有时在平面图或"建筑设计说明"中明确）

b. 墙身节点详图中部：了解墙体各个标高处外装修、外保温信息；理解外窗中关于窗台板、窗台压顶等信息；理解关于圈梁位置、标高的信息。

c. 墙身节点详图顶部：理解相应墙体顶部关于屋面、阳台、露台、挑檐等位置的构造信息。

②飘窗节点详图：理解飘窗板的标高、生根等信息；理解飘窗板内侧是否需要保温的信息。

③压顶节点详图：了解压顶的形状、标高、位置等信息。

④空调板节点详图：了解空调板的立面标高、生根的信息；了解空调板栏杆（或百叶）的高度及位置信息。

⑤其他详图。

1.2 结构施工图

1）综述

结构施工图纸一般包括：图纸目录、结构设计总说明、基础平面图及其详图、墙柱定位图、各层结构平面图（模板图、板配筋图、梁配筋图）、墙柱配筋图及其留洞图、楼梯及其他构筑物详图（水池、坡道、电梯机房、挡土墙等）。

对造价工作者来讲，结构施工图主要是计算混凝土、模板、钢筋等工程量，进而计算其造价，而为了计算这些工程量，就需要了解建筑物的钢筋配置、摆放信息和建筑物的基础及其垫层、墙、梁、板、柱、楼梯等的混凝土标号、截面尺寸、高度、长度、厚度、位置等信息，从预算角度也着重从这些方面加以详细阅读。

2）结构设计总说明

（1）主要包括的内容

①工程概况：建筑物的位置、面积、层数、结构抗震类别、设防烈度、抗震等级、建筑物合理使用年限等。

②工程地质情况：土质情况、地下水位等。

③设计依据。

④结构材料类型、规格、强度等级等。

⑤分类说明建筑物各部位设计要点、构造及注意事项等。

⑥需要说明的隐蔽部位的构造详图，如后浇带加强筋、洞口加强筋、锚拉筋、预埋件等。

⑦重要部位图例等。

（2）编制预算时需注意的问题

①建筑物抗震等级、设防烈度、檐高、结构类型等信息，作为计算钢筋搭接、锚固的计算依据。

②土质情况，作为土方工程组价的依据。

③地下水位情况，考虑是否需要采取降排水措施。

④混凝土标号、保护层等信息，作为查套定额、计算钢筋的依据。

⑤钢筋接头的设置要求，作为计算钢筋的依据。

⑥砌体构造要求，包括构造柱、圈梁的设置位置及配筋、过梁的参考图集，砌体加固钢筋的设置要求或参考图集，作为计算圈梁、构造柱、过梁的工程量及钢筋量的依据。

⑦砌体的材质及砌筑砂浆要求，作为套砌体定额的依据。

⑧其他文字性要求或详图，有时不在结构平面图纸中画出，但要计算其工程量，举例如下：

a. 现浇板分布钢筋；

b. 施工缝止水带；

c. 次梁加筋、吊筋；

d. 洞口加强筋；

e. 后浇带加强钢筋等。

问题思考

请结合《办公大厦建筑工程图》，思考如下问题：

（1）本工程结构类型是什么？

（2）本工程的抗震等级及设防烈度是多少？

（3）本工程不同位置混凝土构件的混凝土标号是多少？有无抗渗等特殊要求？

（4）本工程砌体的类型及砂浆标号是多少？

(5)本工程的钢筋保护层有什么特殊要求？

(6)本工程的钢筋接头及搭接有无特殊要求？

(7)本工程各构件的钢筋配置要求是什么？

3)桩基平面图

编制预算时需注意以下问题：

①桩基类型结合"结构设计总说明"中的地质情况，考虑施工方法及相应定额子目。

②桩基钢筋详图，是否存在铁件，用来准确计算桩基钢筋及铁件工程量。

③桩顶标高，用来考虑挖桩间土方等因素。

④桩长。

⑤桩与基础的连接详图，考虑是否存在凿截桩头的情况。

⑥其他计算桩基需要考虑的问题。

4)基础平面图及其详图

编制预算时需注意以下问题：

①基础类型是什么，决定查套的子目，如需要判断是有梁式条基还是无梁式条基等。

②基础详图情况，帮助理解基础构造，特别注意基础标高、厚度、形状等信息，了解在基础上生根的柱、墙等构件的标高及插筋情况。

③注意基础平面图及详图的设计说明，有些内容设计师不再画在平面图上，而是以文字的形式表现，比如筏板厚度、筏板配筋、基础混凝土的特殊要求(例如抗渗)等。

5)柱子平面布置图及柱表

编制预算时需注意以下问题：

①对照柱子位置信息(b 边、h 边的偏心情况)及梁、板、建筑平面图墙体梁的位置，从而理解柱子作为支座类构件的准确位置，为以后计算梁、墙、板等工程量埋下伏笔。

②柱子不同标高部位的配筋及截面信息(常以柱表或平面标注的形式出现)。

③特别注意柱子生根部位及高度截止信息，为理解柱子高度信息作准备。

问题思考

请结合《办公大厦建筑工程图》，思考上述问题。

6)剪力墙体布置平面图及暗柱、端柱表

编制预算时需注意以下问题：

①对照建筑平面图阅读剪力墙位置及长度信息，从而了解剪力墙和填充墙共同作为建筑物围护结构的部位，便于计算混凝土墙及填充墙体工程量。

②阅读暗柱、端柱表，学习并理解暗柱、端柱钢筋的拆分方法。

③注意图纸说明，捕捉其他钢筋信息，防止漏项(例如暗梁，一般不在图形中画出，以截面详图或文字形式体现其位置及钢筋信息)。

问题思考

请结合《办公大厦建筑工程图》，思考上述问题。

7)梁平面布置图

编制预算时需注意以下问题:

①结合剪力墙平面布置图、柱平面布置图、板平面布置图综合理解梁的位置信息。

②结合柱子位置,理解梁跨的信息,进一步理解主梁、次梁的概念及在计算工程量过程中的次序。

③注意图纸说明,捕捉关于次梁加筋、吊筋、构造钢筋的文字说明信息,防止漏项。

问题思考

请结合《办公大厦建筑工程图》,思考上述问题。

8)板平面布置图

编制预算时需注意以下问题:

①结合图纸说明,阅读不同板厚的位置信息。

②结合图纸说明,理解受力筋范围信息。

③结合图纸说明,理解负弯矩钢筋的范围及其分布筋信息。

④仔细阅读图纸说明,捕捉关于洞口加强筋、阳角加筋、温度筋等信息,防止漏项。

问题思考

请结合《办公大厦建筑工程图》,思考上述问题。

9)楼梯结构详图

编制预算时需注意以下问题:

①结合建筑平面图,了解不同楼梯的位置。

②结合建筑立面图、剖面图,理解楼梯的使用性能(举例,1#楼梯仅从首层通至3层,2#楼梯从负一层可以通往18层等)。

③结合建筑楼梯详图及楼层的层高、标高等信息,理解不同踏步板的数量、休息平台的标高及尺寸。

④结合图纸说明及相应踏步板的钢筋信息,理解楼梯钢筋的布置状况,注意分布筋的特殊要求。

⑤结合详图及位置,阅读梯板厚度、宽度及长度,平台厚度及面积,楼梯井宽度等信息,为计算楼梯实际混凝土体积做好准备。

问题思考

请结合《办公大厦建筑工程图》,思考上述问题。

第 2 章　土建算量软件算量原理

建筑工程量的计算是一项工程量大而繁琐的工作，工程量计算的算量工具也随着信息化技术的发展，经历算盘、计算器、计算机表格、计算机建模几个阶段(见图 2.1)，现在我们采用的就是通过建筑模型进行工程量的计算。

图 2.1

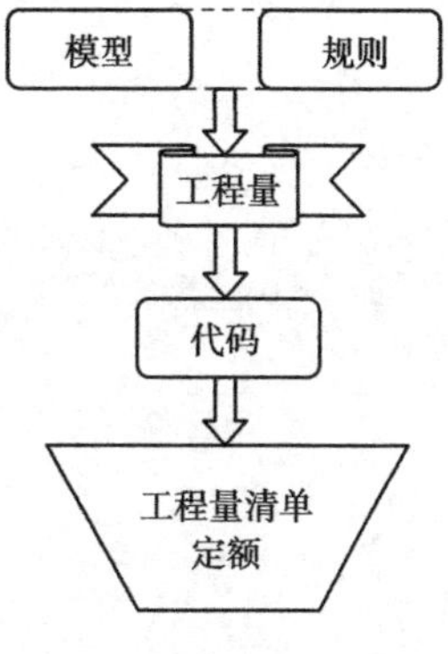

图 2.2

现在建筑设计输出的图纸 90% 是采用二维设计，提供建筑的平、立、剖面图纸，对建筑物进行表达。而建模算量则是将建筑平、立、剖面图结合，建立建筑的空间模型，模型的建立则可以准确地表达各类构件之间的空间位置关系，土建算量软件则按计算规则计算各类构件的工程量，构件之间的扣减关系则根据模型由程序进行处理，从而准确计算出各类构件的工程量；为方便工程量的调用，将工程量以代码的形式提供，套用清单与定额时可以直接套用，如图 2.2 所示。

使用土建算量软件进行工程量计算，已经从手工计算的大量书写与计算转化为建立建筑模型。无论用手工算量还是软件算量，都有一个基本的要求，那就是知道算什么、如何算。知道算什么是做好算量工作的第一步，也就是业务关。无论是手工算，还是软件算，只是采用了不同的手段而已。

软件算量的重点：一是如何快速地按照图纸的要求，建立建筑模型；二是将算出来的工程量与工程量清单和定额进行关联；三是掌握特殊构件的处理及灵活应用。

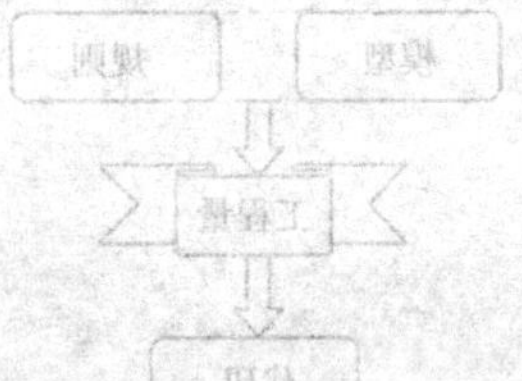

第2篇　基础功能学习

本篇内容简介

准备工作
首层工程量计算
二层工程量计算
三、四层工程量计算
机房及屋面工程量计算
地下一层工程量计算
基础层工程量计算
装修工程量计算
楼梯工程量计算
钢筋算量软件与图形算量软件的无缝联接

本篇教学目标

具体参见每章教学目标

第3章　准备工作

通过本章学习,你将能够:

(1)正确选择清单与定额规则,以及相应的清单库和定额库;

(2)区分做法模式;

(3)正确设置室内外高差;

(4)定义楼层及统一设置各类构件混凝土标号;

(5)按图纸定义轴网。

3.1　新建工程

通过本节学习,你将能够:

(1)正确选择清单与定额规则及相应的清单库和定额库;

(2)正确设置室内外高差;

(3)依据图纸定义楼层;

(4)依据图纸要求设置混凝土标号、砂浆标号。

1)新建工程

①启动软件,进入"欢迎使用GCL2008"界面,如图3.1所示。注意:本书使用的图形软件版本号为9.10.9.1858。

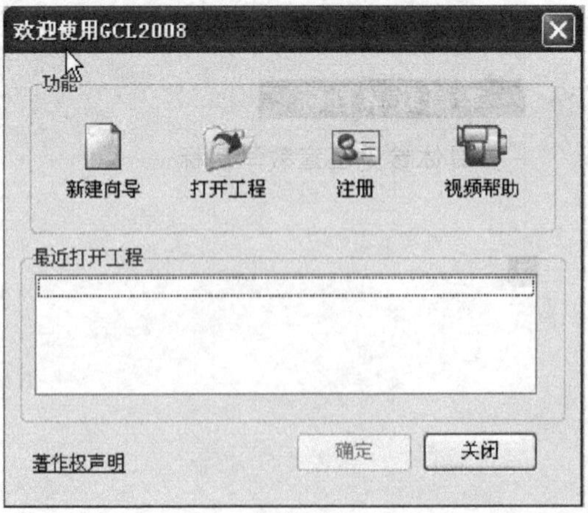

图3.1

②鼠标左键单击"新建向导",进入"新建工程"界面,如图3.2所示。

工程名称:按工程图纸名称输入,保存时会作为默认的文件名,本工程名称输入为"广联达办公大厦"。

计算规则：定额和清单库选择如图3.2所示。

做法模式：选择纯做法模式。

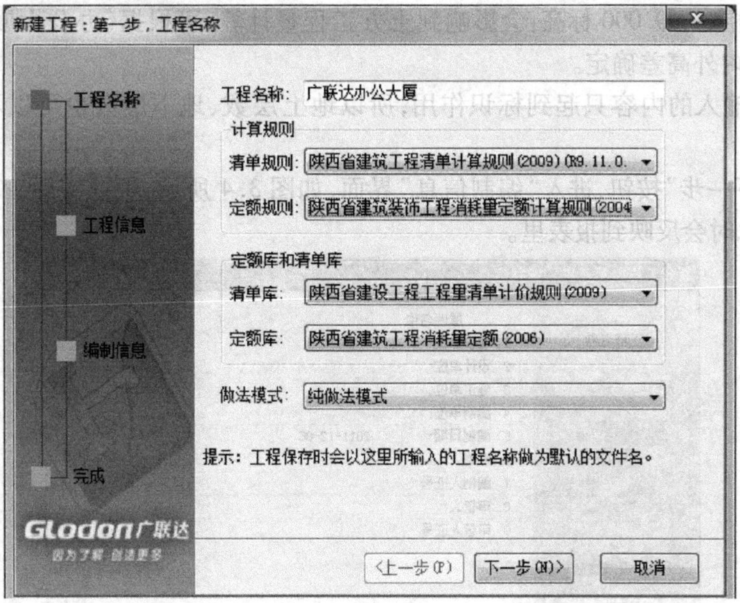

图3.2

学习提示

软件提供了两种做法模式：纯做法模式和工程量表模式。工程量表模式与纯做法模式的区别在于，针对构件需要计算的工程量给出参考列项。

③单击"下一步"按钮，进入"工程信息"界面，如图3.3所示。

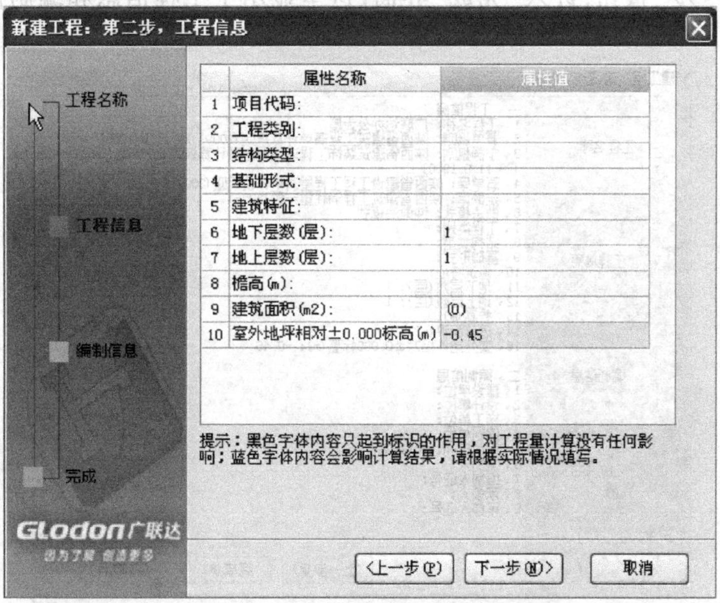

图3.3

在工程信息中，室外地坪相对 ±0.000 标高的数值，需要根据实际工程的情况进行输入。本例工程的信息输入，如图 3.3 所示。

室外地坪相对 ±0.000 标高：会影响到土方工程量计算，可根据《办公大厦建筑工程图》建施-9 中的室内外高差确定。

黑色字体输入的内容只起到标识作用，所以地上层数、地下层数也可以不按图纸实际输入。

④单击“下一步”按钮，进入“编制信息”界面，如图 3.4 所示，根据实际工程情况添加相应的内容，汇总时会反映到报表里。

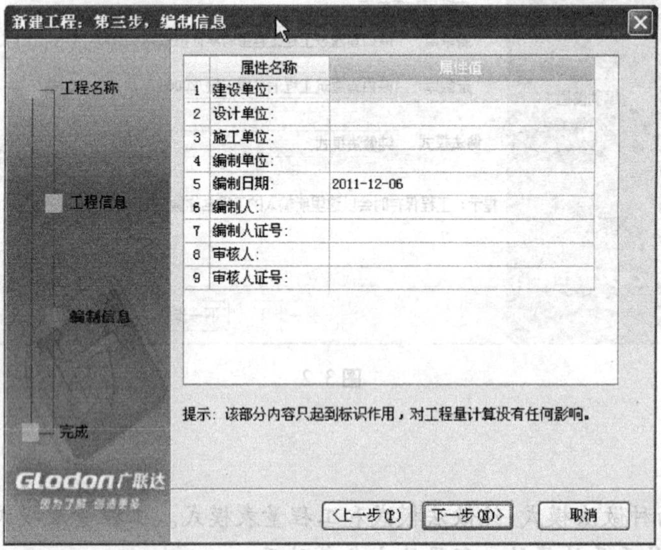

图 3.4

⑤单击“下一步”按钮，进入“完成”界面，这里显示了工程信息和编制信息，如图 3.5 所示。

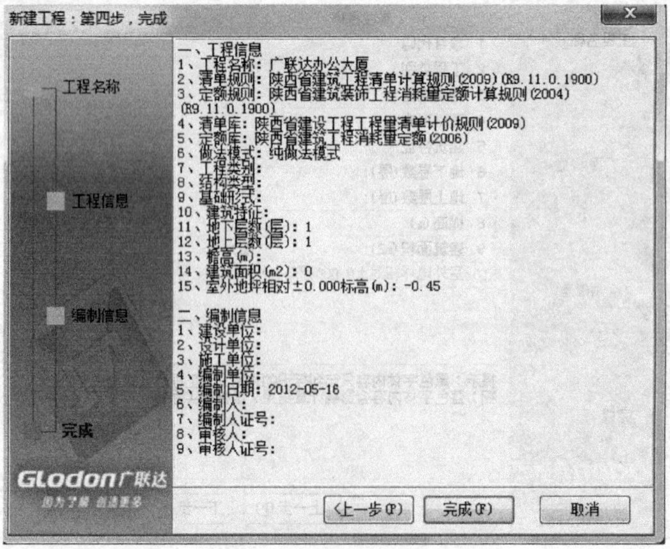

图 3.5

⑥单击“完成”按钮，完成新建工程，切换到“工程信息”界面，该界面显示了新建工程的工程信息，供用户查看和修改，如图 3.6 所示。

	属性名称	属性值
1	⊟ 工程信息	
2	工程名称:	广联达办公大厦
3	清单规则:	陕西省建筑工程清单计算规则(2009)(R9.11.0.1900)
4	定额规则:	陕西省建筑装饰工程消耗量定额计算规则(2004)(R9.11.0.1900)
5	清单库:	陕西省建设工程工程量清单计价规则(2009)
6	定额库:	陕西省建筑工程消耗量定额(2006)
7	做法模式:	纯做法模式
8	项目代码:	
9	工程类别:	
10	结构类型:	
11	基础形式:	
12	建筑特征:	
13	地下层数(层):	1
14	地上层数(层):	1
15	檐高(m):	
16	建筑面积(m2):	(0)
17	室外地坪相对±0.000标高(m):	-0.45
18	⊟ 编制信息	
19	建设单位:	
20	设计单位:	
21	施工单位:	
22	编制单位:	
23	编制日期:	2012-05-16
24	编制人:	
25	编制人证号:	
26	审核人:	
27	审核人证号:	

图 3.6

2)建立楼层

(1)分析图纸

层高的确定按照结施-4 中“结构层高”建立。

(2)建立楼层

①软件默认给出首层和基础层。在本工程中，基础层的筏板厚度为 500mm，在基础层的层高位置输入 0.5，板厚按照本层的筏板厚度输入为 500mm。

②首层的结构底标高输入为 -0.1，层高输入为 3.9m，板厚本层最常用的为 120mm。鼠标左键选择首层所在的行，单击“插入楼层”，添加第 2 层，2 层的高度输入为 3.9m，最常用的板厚为 120mm。

③按照建立 2 层同样的方法，建立 3 至 5 层。5 层层高为 4m，可以按照图纸把 5 层的名称修改为“机房层”。单击“基础层”，插入楼层，地下一层的层高为 4.3m，各层建立后，如图 3.7 所示。

	编码	名称	层高(m)	首层	底标高(m)	相同层数	现浇板厚(mm)	建筑面积(m2)	备注
1	5	机房层	4.000	☐	15.500	1	120		
2	4	第4层	3.900	☐	11.600	1	120		
3	3	第3层	3.900	☐	7.700	1	120		
4	2	第2层	3.900	☐	3.800	1	120		
5	1	首层	3.900	☑	-0.100	1	120		
6	-1	第-1层	4.300	☐	-4.400	1	120		
7	0	基础层	0.500	☐	-4.900	1	500		

图 3.7

(3)标号设置

从“结构设计总说明(一)”中第八条“2. 混凝土”中分析，各层构件混凝土标号如表3.1所示。

表3.1　各层构件混凝土标号

混凝土所在部位	混凝土强度等级		备注
	墙、柱	梁、板	
基础垫层		C15	
基础底板		C30	抗渗等级P8
地下一层~二层	C30	C30	地下一层外墙混凝土为抗渗等级P8
三层~层面	C25	C25	
其余各结构构件	C25	C25	

从第八条“5. 砌体(填充墙)”中分析，砂浆基础采用M5水泥砂浆，一般部位为M10水泥混合砂浆。

在楼层设置下方是软件中的标号设置，用来集中统一管理构件混凝土标号、类型，砂浆标号、类型；对应构件的标号设置好后，在绘图输入新建构件时，会自动取这里设置的标号值。同时，标号设置适用于对定额进行楼层换算。

工程实战

(1)室外地坪标高的设置，会影响哪些工程量的计算？

(2)各层对混凝土标号、砂浆标号的设置，对哪些操作有影响？

(3)工程楼层的设置应依据建筑标高还是结构标高，区别是什么？

(4)基础层的标高应如何设置？

3.2　建立轴网

通过本节学习，你将能够：

按图纸定义轴网。

1)建立轴网

楼层建立完毕后，切换到“绘图输入”界面。首先，要建立轴网。施工时用放线来定位建筑物的位置，使用软件做工程时则是用轴网来定位构件的位置。

(1)分析图纸

由建施-3可知，该工程的轴网是简单的正交轴网，上下开间在⑨~⑪轴轴距不同，左右进深轴距都相同。

(2)轴网的定义

①切换到“绘图输入”界面之后，选择模板导航栏构件树中的“轴线”→“轴网”，单击右

键,选择"定义"按钮,软件切换到轴网的定义界面。

②单击"新建",选择"新建正交轴网",新建"轴网-1"。

③输入"下开间":在"常用值"下面的列表中选择要输入的轴距,双击鼠标即添加到轴距中;或者在"添加"按钮下的输入框中输入相应的轴网间距,单击"添加"按钮或按"Enter"键即可;按照图纸从左到右的顺序,下开间依次输入4800,4800,4800,7200,7200,7200,4800,4800,4800;本轴网上下开间在⑨~⑪轴不同,需要在上开间中也输入轴距。

④切换到"上开间"的输入界面,按照同样的方法,依次输入4800,4800,4800,7200,7200,7200,4800,4800,1900,2900。

⑤输入完上下开间之后,单击轴网显示界面上方的"轴号自动生成"命令,软件自动调整轴号与图纸一致。

⑥切换到"左进深"的输入界面,按照图纸从下到上的顺序,依次输入左进深的轴距为7200,6000,2400,6900。因为左右进深轴距相同,所以右进深可以不输入。

⑦可以看到,右侧的轴网图显示区域已经显示了定义的轴网,轴网定义完成,如图3.8所示。

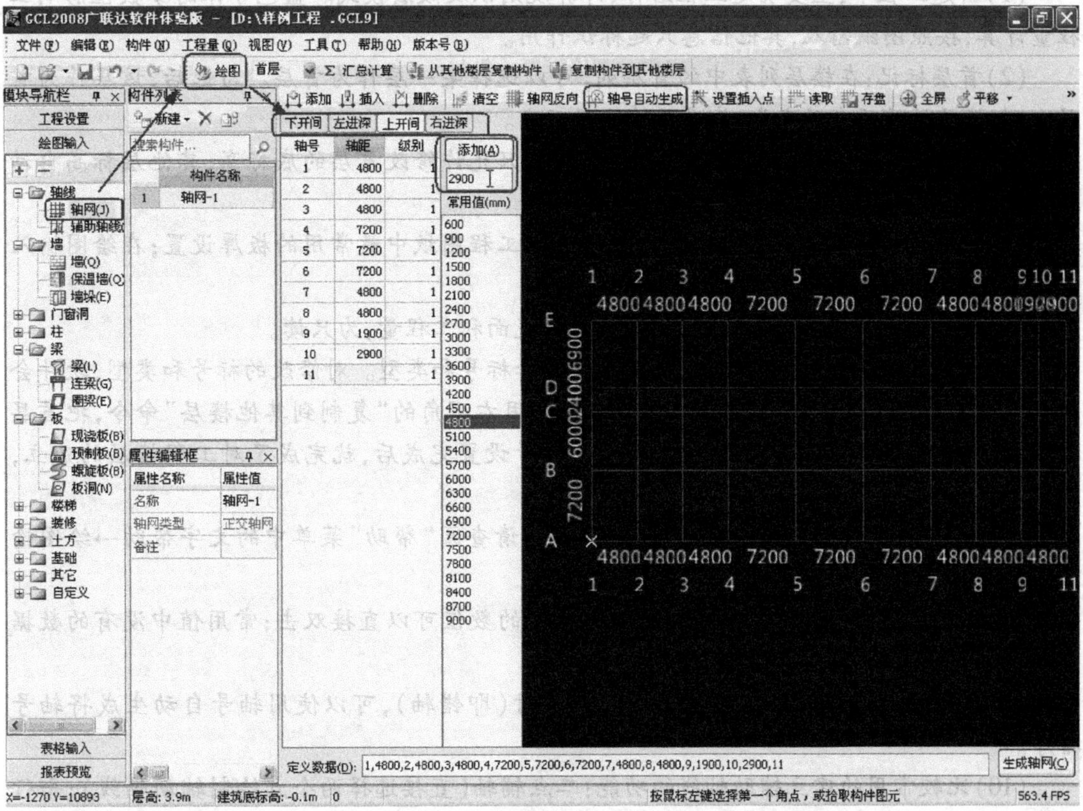

图3.8

2)轴网的绘制

(1)绘制轴网

①轴网定义完毕后,单击"绘图"按钮,切换到绘图界面。

②弹出“请输入角度”对话框，提示用户输入定义轴网需要旋转的角度。本工程轴网为水平竖直向的正交轴网，旋转角度按软件默认输入为“0”即可，如图 3.9 所示。

③单击“确定”按钮，绘图区显示轴网，这样就完成了对本工程轴网的定义和绘制。

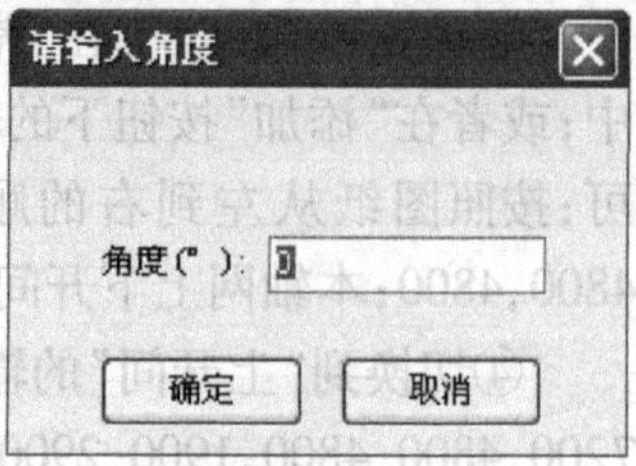

图 3.9

(2)轴网的其他功能

①设置插入点：用于轴网拼接，可以任意设置插入点(不在轴线交点处或在整个轴网外都可以设置)。

②修改轴号、轴距：当检查已经绘制的轴网有错误时，可以直接修改。

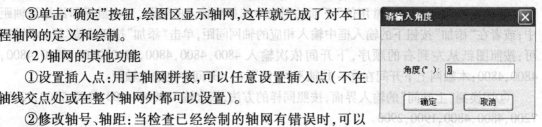

③软件提供了辅助轴线，用于构件辅轴定位。辅轴在任意图层都可以直接添加。辅轴主要有：两点、平行、点角、圆弧。

知识拓展

(1)新建工程中，主要确定工程名称、计算规则以及做法模式。蓝色字体的参数值影响工程量计算，按照图纸输入，其他信息只起标识作用。

(2)首层标记：在楼层列表中的首层列，可以选择某一层作为首层。勾选后，该层作为首层，相邻楼层的编码自动变化，基础层的编码不变。

(3)底标高：是指各层的结构底标高，软件中只允许修改首层的底标高，其他层标高自动按层高反算。

(4)相同板厚：是软件给的默认值，可以按照工程图纸中最常用的板厚设置；在绘图输入新建板时，会自动默认取这里设置的数值。

(5)建筑面积：是指各层建筑面积图元的建筑面积工程量，为只读。

(6)可以按照结构设计总说明，对应构件选择标号和类型。对修改的标号和类型，软件会以反色显示。在首层输入相应的数值后，可以使用右下角的“复制到其他楼层”命令，把首层的数值复制到参数相同的楼层。各个楼层的标号设置完成后，就完成了对工程楼层的建立，可以进入绘图输入进行建模计算。

(7)有关轴网的编辑、辅助轴线的详细操作，请查阅“帮助”菜单中的文字帮助→绘图输入→轴线。

(8)建立轴网时，输入轴距有两种方法：常用的数值可以直接双击；常用值中没有的数据直接添加即可。

(9)当上下开间或者左右进深轴距不一样时(即错轴)，可以使用轴号自动生成将轴号排序。

(10)比较常用的建立辅助轴线的功能：二点辅轴(直接选择两个点绘制辅助轴线)；平行辅轴(建立平行于任意一条轴线的辅助轴线)；圆弧辅轴(可以通过选择三个点绘制辅助轴线)。

(11)在任何界面下都可以添加辅轴。轴网绘制完成后，就进入“绘图输入”部分。绘图输入部分可以按照后面章节的流程进行。

(12)软件的页面介绍如图 3.10 所示。

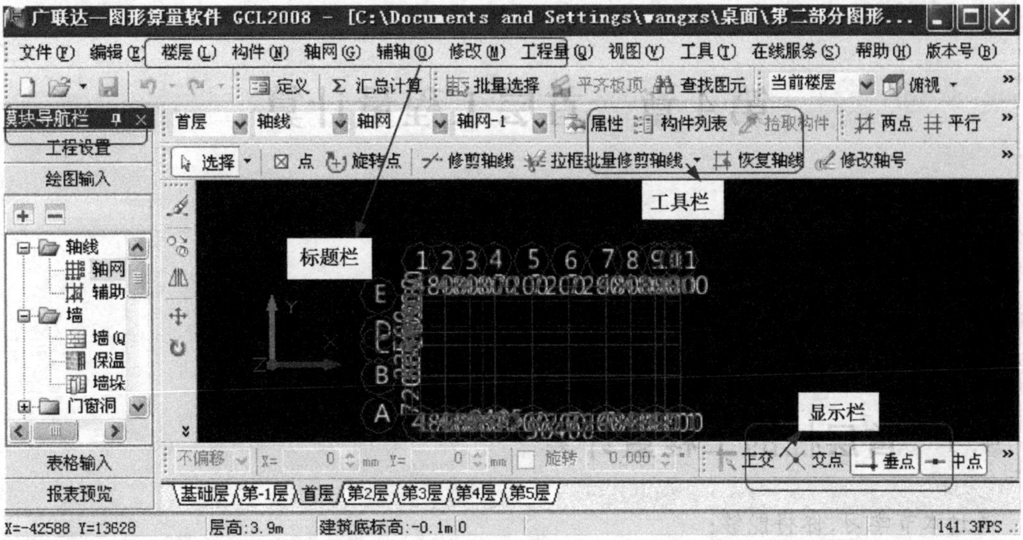
广联达—图形算量软件 GCL2008 - [C:\Documents and Settings\wangxs\桌面\第二部分图形...
文件(F) 编辑(E) 楼层(L) 构件(N) 轴网(G) 辅轴(O) 修改(M) 工程量(Q) 视图(V) 工具(T) 在线服务(S) 帮助(H) 版本号(B)
定义 Σ 汇总计算 批量选择 平齐板顶 查找图元 当前楼层 俯视
模块导航栏
首层 轴线 轴网 轴网-1 属性 构件列表 拾取构件 两点 平行
工程设置
绘图输入
选择 点 旋转点 修剪轴线 拉框批量修剪轴线 恢复轴线 修改轴号
工具栏
标题栏
轴线
轴网
辅助
墙
墙
保温
墙垛
门窗洞
显示栏
表格输入
报表预览
不偏移 X= 0 mm Y= 0 mm 旋转 0.000 正交 交点 垂点 中点
基础层 第-1层 首层 第2层 第3层 第4层 第5层
X=-42588 Y=13628 层高:3.9m 建筑底标高:-0.1m 0 141.3FPS

图3.10

第4章 首层工程量计算

通过本章学习,你将能够:
(1)定义柱、剪力墙、梁、板、门窗等构件;
(2)绘制柱、剪力墙、梁、板、门窗等图元;
(3)掌握暗梁、暗柱、连梁在GCL2008软件中的处理方法。

4.1 首层柱的工程量计算

通过本节学习,你将能够:
(1)依据定额和清单确定柱的分类和工程量计算规则;
(2)定义矩形柱、圆形柱、异形端柱的属性并套用做法;
(3)绘制本层柱图元;
(4)统计本层柱的个数及工程量。

1)分析图纸

①在框架剪力墙结构中,暗柱的工程量并入墙体计算。结施-4中暗柱有两种形式:一种和墙体一样厚,如GJZ1的形式,作为剪力墙处理;另一种是端柱如GDZ1,在软件中这种端柱可以定义为矩形柱,在做法套用时套用矩形柱的清单和定额子目,柱肢按剪力墙处理。

②从结施-5的柱表中可以得到柱的截面信息,本层包括矩形框架柱、圆形框架柱及异形端柱,主要信息如表4.1所示。

表4.1 柱表

序号	类型	名称	混凝土标号	截面尺寸(mm)	标高	备注
1	矩形框架柱	KZ1	C30	600×600	-0.100~+3.800	
		KZ6	C30	600×600	-0.100~+3.800	
		KZ7	C30	600×600	-0.100~+3.800	
2	圆形框架柱	KZ2	C30	$D=850$	-0.100~+3.800	
		KZ4	C30	$D=500$	-0.100~+3.800	
		KZ5	C30	$D=500$	-0.100~+3.800	
3	异形端柱	GDZ1	C30	600×600	-0.100~+3.800	
		GDZ2	C30	600×600	-0.100~+3.800	
		GDZ3	C30	600×600	-0.100~+3.800	
		GDZ4	C30	600×600	-0.100~+3.800	

2)清单、定额计算规则学习

(1)清单计算规则学习

柱清单计算规则如表4.2所示。

表4.2 柱清单计算规则

编号	项目名称	单位	计算规则	备注
010402001	矩形柱	m^3	按设计图示尺寸以体积计算。不扣除构件内钢筋、预埋铁件所占体积 柱高: 1.有梁板的柱高,应自柱基上表面(或楼板上表面)至上一层楼板上表面之间的高度计算 2.无梁板的柱高,应自柱基上表面(或楼板上表面)至柱帽下表面之间的高度计算 3.框架柱的柱高,应自柱基上表面至柱顶高度计算 4.构造柱按全高计算,嵌接墙体部分并入柱身体积 5.依附柱上的牛腿和升板的柱帽,并入柱身体积计算	
010402002	圆形柱	m^3		

(2)定额计算规则学习

柱定额计算规则如表4.3所示。

表4.3 柱定额计算规则

编号	项目名称	单位	计算规则	备注
B4-1	C20非现浇混凝土	m^3	同清单	

3)柱的定义

(1)矩形框架柱KZ-1

①在模块导航栏中单击“柱”→“柱”,单击“定义”按钮,进入柱的定义界面,在构件列表中单击“新建”→“新建矩形柱”,如图4.1所示。

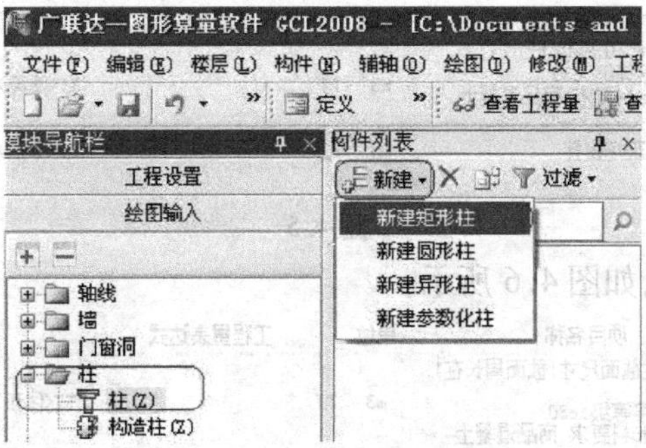

图4.1

②在属性编辑框中输入相应的属性值,框架柱的属性定义如图4.2所示。

属性名称	属性值	附加
名称	KZ-1	
类别	框架柱	
材质	现浇混凝	
砼类型	(现浇砾石	
砼标号	(C30)	
截面宽度(mm)	600	
截面高度(mm)	600	
截面面积(m2)	0.36	
截面周长(m)	2.4	
顶标高(m)	层顶标高	
底标高(m)	层底标高	
是否为人防构	否	
备注		

图4.2

属性名称	属性值	附加
名称	KZ-2	
类别	框架柱	
材质	现浇混凝	
砼类型	(现浇砾石	
砼标号	(C30)	
半径(mm)	425	
截面面积(m2)	0.56745	
截面周长(m)	2.67	
顶标高(m)	层顶标高	
底标高(m)	层底标高	
是否为人防构	否	
备注		

图4.3

(2)圆形框架柱 KZ-2

单击“新建”→“新建圆形柱”,方法同矩形框架柱属性定义。圆形框架柱的属性定义,如图4.3所示。

4)做法套用

柱构件定义好后,需要进行套用做法操作。套用做法是指构件按照计算规则计算汇总出做法工程量,方便进行同类项汇总,同时与计价软件数据接口。构件套做法,可以通过手动添加清单定额、查询清单定额库添加、查询匹配清单定额添加、查询匹配外部清单添加来进行。

①KZ-1 的做法套用,如图4.4所示。

	编码	类别	项目名称	单位	工程量表达式	表达式说明	措施项目	专业
1	010402001002	项	"矩形柱1.柱截面尺寸:截面周长在1.8m以上 2.混凝土强度等级:c30 3.混凝土拌和料要求:商品混凝土	m3	TJ	TJ<体积>		建筑工程
2	换B4-1	补	C20混凝土非现场搅拌	m3	TJ	TJ<体积>		土建

图4.4

②KZ-2 的做法套用,如图4.5所示。

	编码	类别	项目名称	单位	工程量表达式	表达式说明	措施项目	专业
1	010402002003	项	"圆柱1.柱直径:0.5m以上 2.混凝土强度等级:c30 3.混凝土拌合料要求:商品混凝土 "	m3	TJ	TJ<体积>		建筑工程
2	换B4-1	补	C20混凝土非现场搅拌	m3	TJ	TJ<体积>		土建

图4.5

③GDZ-1 的做法套用,如图4.6所示。

	编码	类别	项目名称	单位	工程量表达式	表达式说明	措施项目	专业
1	010402001002	项	"矩形柱1.柱截面尺寸:截面周长在1.8m以上 2.混凝土强度等级:c30 3.混凝土拌和料要求:商品混凝土	m3	TJ	TJ<体积>		建筑工程
2	换B4-1	补	C20混凝土非现场搅拌	m3	TJ	TJ<体积>		土建

图4.6

5)柱的画法讲解

柱定义完毕后,单击“绘图”按钮,切换到绘图界面。

(1)点绘制

通过构件列表选择要绘制的构件 KZ-1,鼠标捕捉②轴与Ⓔ轴的交点,直接单击鼠标左键即可完成柱 KZ-1 的绘制,如图 4.7 所示。

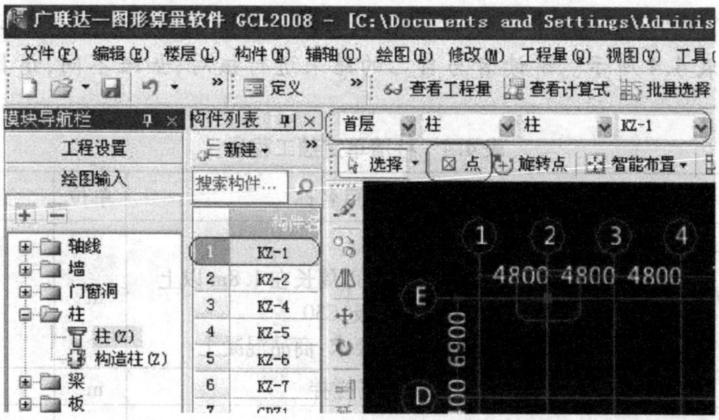

图 4.7

(2)偏移绘制

偏移绘制常用于绘制不在轴线交点处的柱,④轴上的 KZ-4 不能直接用鼠标选择点绘制,需要使用“Shift 键 + 鼠标左键”相对于基准点偏移绘制。

①把鼠标放在Ⓑ轴和④轴的交点处,同时按下键盘上的“Shift”键和鼠标左键,弹出“输入偏移量”对话框;由图纸可知,KZ-4 的中心相对于Ⓑ轴与④轴的交点向下偏移 2250mm,在对话框中输入 X = “0”,Y = “-2000 -250”,表示水平向偏移量为 0,竖直方向向下偏移 2250mm,如图 4.8 所示。

图 4.8

②单击“确定”按钮,KZ-4 就偏移到指定位置了,如图 4.9 所示。

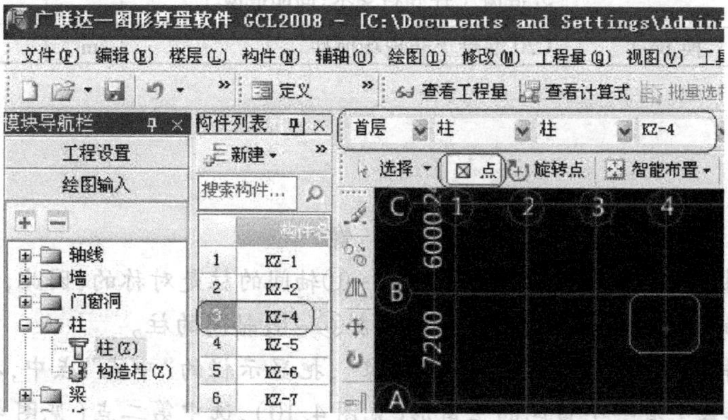

图 4.9

工程实战

(1)用点画、偏移的方法将本层的柱绘制好,并套用相应做法。

(2)汇总本层柱的工程量。

汇总工程量的方法:单击模块导航栏中的“报表预览”,单击“清单定额汇总表”,再单击“设置报表范围”,只选择“框架柱”,单击“确定”按钮即可查看框架柱的实体工程量。本层柱的实体工程量如表4.4所示。请读者与自己的结果进行核对,如果不同,请找出原因并进行修改。

表4.4 柱清单定额工程量

序号	编码	项目名称	单位	工程量
1	010402001002	矩形柱 1.柱截面尺寸:截面周长在1.8m以上 2.混凝土强度等级:C30 3.混凝土拌和料要求:商品混凝土	m^3	53.352
	换B4-1	C20混凝土非现场搅拌	m^3	53.352
2	010402001006	矩形柱 1.柱截面尺寸:截面周长在1.2m以内 2.混凝土强度等级:C30 3.混凝土拌和料要求:商品混凝土 4.部位:楼梯间	m^3	0.495
	换B4-1	C20混凝土非现场搅拌	m^3	0.495
3	010402002002	圆柱 1.柱直径:0.5m以内 2.混凝土强度等级:C30 3.混凝土拌和料要求:商品混凝土	m^3	7.6577
	换B4-1	C20混凝土非现场搅拌	m^3	7.6577
4	010402002003	圆柱 1.柱直径:0.5m以上 2.混凝土强度等级:C30 3.混凝土拌和料要求:商品混凝土	m^3	4.4261
	换B4-1	C20混凝土非现场搅拌	m^3	4.4261

知识拓展

镜像

通过图纸分析可知,①~⑤轴间的柱与⑥~⑪轴间的柱是对称的,因此,在绘图时可以先绘制①~⑤轴间的柱,然后使用“镜像”功能绘制⑥~⑪轴间的柱。

选中①~⑤轴间的柱,单击右键选择“镜像”,把显示栏的“中点”点中,捕捉⑤~⑥轴的中点,可以看到屏幕上有一个黄色的三角形(见图4.10),选中第二点(见图4.11),单击右键确定即可。

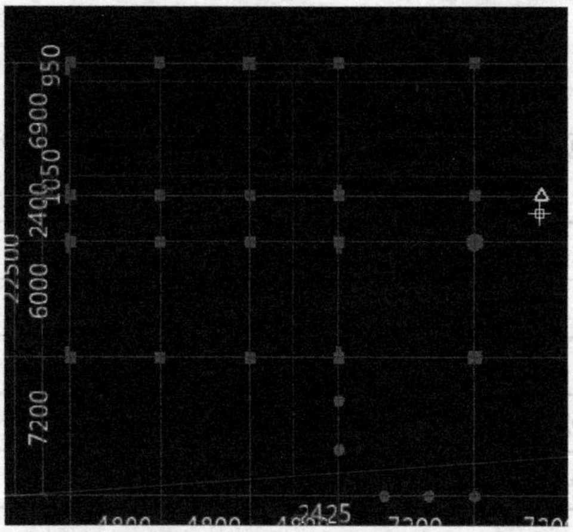

图 4.10

如图 4.11 所示，在显示栏的地方会提示需要进行的下一步操作。

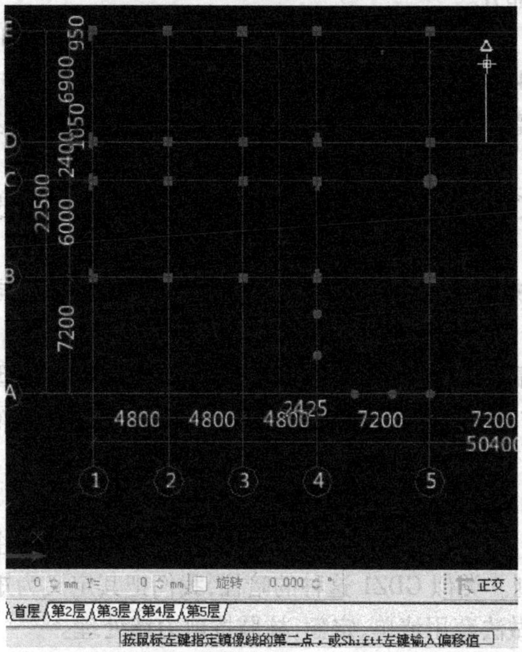

图 4.11

4.2 首层剪力墙的工程量计算

通过本节学习，你将能够：

(1) 掌握连梁在软件中的处理方法；

(2) 定义墙的属性；

(3) 绘制墙图元；

(4) 统计本层墙的阶段性工程量。

1)分析图纸

(1)分析剪力墙

分析图纸结施-5、结施-1,可得出剪力墙墙身表信息,如表4.5所示。

表4.5 剪力墙墙身表

序号	类型	名称	混凝土标号	墙厚(mm)	标高	备注
1	外墙	Q-1	C30	250	-0.1 ~ +3.8	
2	内墙	Q1	C30	250	-0.1 ~ +3.8	
3	内墙	Q2 电梯	C30	200	-0.1 ~ +3.8	
4	内墙	Q1 电梯	C30	250	-0.1 ~ +3.8	

(2)分析连梁

连梁是剪力墙的一部分。

①结施-5 中①轴和⑩轴的剪力墙上有 LL4,尺寸为 250mm × 1200mm,梁顶相对标高差 +0.6m;建施-3 中 LL4 下方是 LC3,尺寸为 1500mm × 2700mm;建施-12 中 LC3 离地高度 700mm。可以得知剪力墙 Q-1 在Ⓒ轴和Ⓓ轴之间只有 LC3。所以可以直接绘制 Q-1,然后绘制 LC3,不用绘制 LL4。

②结施-5 中④轴和⑦轴的剪力墙上有 LL1,建施-3 中 LL1 下方没有门窗洞,可以在 LL1 处把剪力墙断开,然后绘制 LL1。

③结施-5 中④轴电梯洞口处 LL2、建施-3 中 LL3 下方没有门窗洞,如果按段绘制剪力墙不易找交点,所以剪力墙 Q1 通画,然后绘制洞口,不绘制 LL2。

做工程时遇到剪力墙上是连梁、下是洞口的情况,可以比较②与③哪个更方便使用一些。本工程采用③的方法对连梁进行处理,绘制洞口在绘制门窗时介绍,Q1 通长绘制暂不作处理。

(3)分析暗梁、暗柱

暗梁、暗柱是剪力墙的一部分。类似 YJZ1 这种和墙厚一样的暗柱,此位置的剪力墙通长绘制,YJZ1 不再进行绘制。类似 GDZ1 这种的暗柱,我们把其定义为矩形柱并进行绘制,在做法套用时按照矩形柱的做法套用清单、定额,柱肢按剪力墙处理。

2)清单、定额计算规则学习

(1)清单计算规则学习

剪力墙清单计算规则如表4.6所示。

表4.6 剪力墙清单计算规则

编号	项目名称	单位	计算规则	备注
010404001	直形墙	m^3	按设计图示尺寸以体积计算。不扣除构件内钢筋、预埋铁件所占体积,扣除门窗洞口及单个面积 $0.3m^2$ 以外的孔洞所占体积,墙垛及突出墙面部分并入墙体体积内计算	

(2)定额计算规则学习

剪力墙定额计算规则如表 4.7 所示。

表 4.7 剪力墙定额计算规则

编号	项目名称	单位	计算规则	备注
B4-1	C20 非现浇混凝土	m^3	按设计图示尺寸以体积计算。不扣除构件内钢筋、预埋铁件所占体积。扣除门窗洞口及单个面积 $0.3m^2$ 以上的孔洞所占体积,墙垛及突出墙面部分并入墙体体积内计算。墙身与框架柱连接时,墙长算至框架柱的侧面	

3)墙的属性定义

(1)新建外墙

在模块导航栏中单击“墙”→“墙”,单击“定义”按钮,进入墙的定义界面,在构件列表中单击“新建”→“新建外墙”,如图 4.12 所示。在属性编辑框中对图元属性进行编辑,如图 4.13 所示。

(2)通过复制建立新构件

通过对图纸进行分析可知,Q-1 和 Q1 的材质、高度是一样的,区别在于墙体的名称和厚度不同,选中构件“Q-1”,单击右键选择“复制”,软件自动建立名为“Q-2”的构件,然后对 Q-2 进行属性编辑,修改为 Q1,如图 4.14 所示。

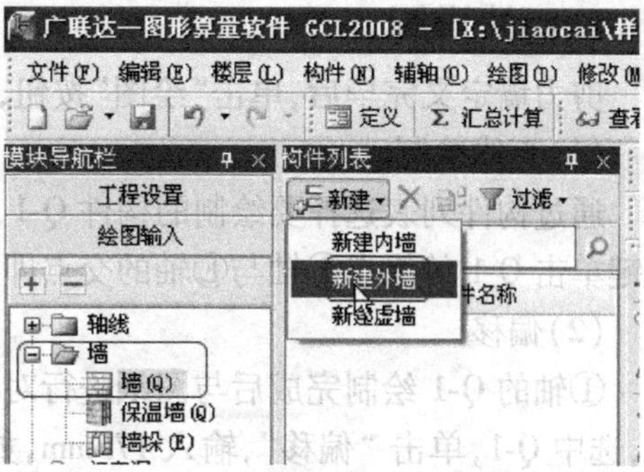

图 4.12

图 4.13

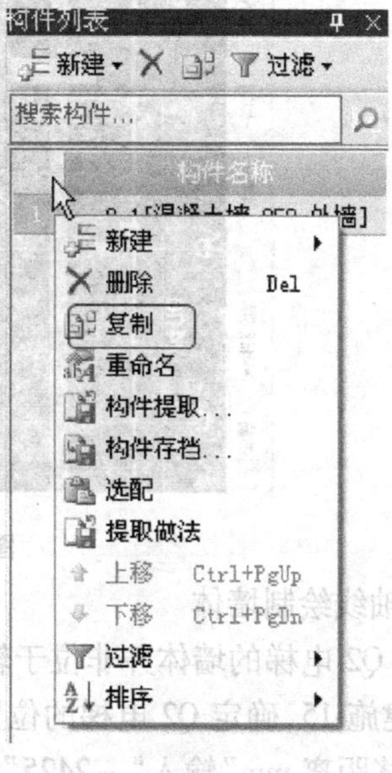

图 4.14

4)做法套用

①Q-1 的做法套用,如图 4.15 所示。

	编码	类别	项目名称	单位	工程量表达式	表达式说明	措施项目	专业
1	010404001006	项	"直形墙 1.墙厚度:300mm以内 2.混凝土强度等级:c30 3.混凝土拌和料要求:商品混凝土"	m3	TJ	TJ<体积>	□	建筑工程
2	换B4-1	补	C20混凝土非现场搅拌	m3	TJ	TJ<体积>	□	土建

图 4.15

②Q2 电梯的做法套用,如图 4.16 所示。

	编码	类别	项目名称	单位	工程量表达式	表达式说明	措施项目	专业
1	010404001005	项	"直形墙 1.部位:电梯井壁 2.墙厚度:200mm以内 3.混凝土强度等级:c30 4.混凝土拌和料要求:商品混凝土"	m3	TJ	TJ<体积>	□	建筑工程
2	换B4-1	补	C20混凝土非现场搅拌	m3	TJ	TJ<体积>	□	土建

图 4.16

5)画法讲解

剪力墙定义完毕后,单击"绘图"按钮,切换到绘图界面。

(1)直线绘制

通过构件列表选择要绘制的构件 Q-1,鼠标左键单击 Q-1 的起点①轴与Ⓑ轴的交点,鼠标左键单击 Q-1 的终点①轴与Ⓔ轴的交点即可。

(2)偏移

①轴的 Q-1 绘制完成后与图纸进行对比,发现图纸上位于①轴线上的 Q-1 并非居中于轴线,选中 Q-1,单击"偏移",输入 175mm,如图 4.17 所示。在弹出的"是否要删除原来图元"中,选择"是"按钮即可。

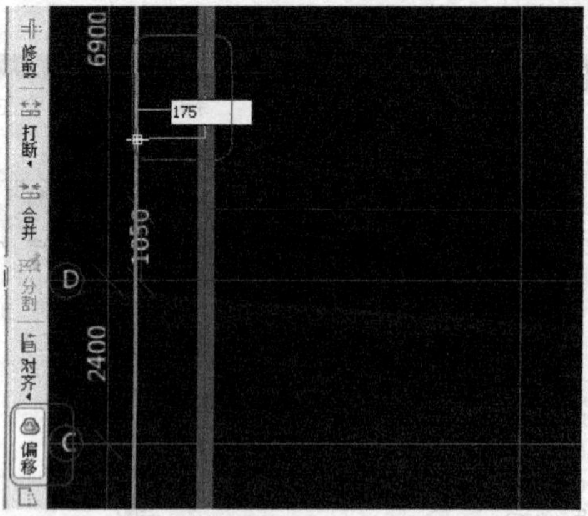

图 4.17

(3)借助辅助轴线绘制墙体

从图纸上可知 Q2 电梯的墙体并非位于轴线上,这时需要针对 Q2 电梯的位置建立辅助轴线。参见建施-3、建施-15,确定 Q2 电梯的位置,单击"辅助轴线"、"平行",再单击④轴,在弹出的对话框中"偏移距离 mm"输入" -2425",然后单击"确定"按钮;再选中Ⓔ轴,在弹出的对话框中"偏移距离 mm"输入" -950";再选中Ⓓ轴,在弹出的对话框中"偏移距离 mm"输入

"1050"。辅助轴线建立完毕，在"构件列表"中选择Q2电梯，在黑色绘图界面进行Q2电梯的绘制，绘制完成后单击"保存"按钮即可。

工程实战

(1)参照Q-1属性的定义方法，将⑦轴的Q1按图纸要求定义并进行绘制。

(2)用直线、偏移的方法将⑪轴的Q-1按图纸要求绘制。

(3)汇总剪力墙工程量。

绘制完成后，按"F9"键进行汇总计算，查看报表，单击"设置报表范围"，只选择墙的报表范围，单击"确定"按钮，如图4.18所示。本层剪力墙实体工程量如表4.8所示，请读者与自己的结果进行核对，如果不同，请找出原因并进行修改。

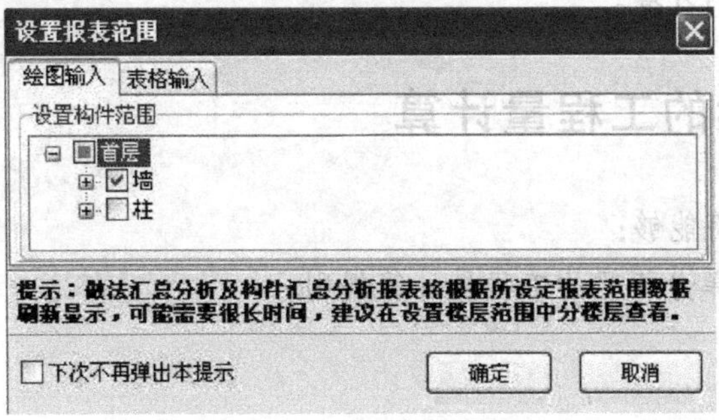

图4.18

表4.8　剪力墙清单定额量

序号	编码	项目名称	单位	工程量
1	010404001005	直形墙 1.部位：电梯井壁 2.墙厚度：200mm以内 3.混凝土强度等级：C30 4.混凝土拌和料要求：商品混凝土	m^3	9.282
	换B4-1	C20混凝土非现场搅拌	m^3	9.282
2	010404001006	直形墙 1.部位：电梯井壁 2.墙厚度：300mm以内 3.混凝土强度等级：C30 4.混凝土拌和料要求：商品混凝土	m^3	4.7775
	换B4-1	C20混凝土非现场搅拌	m^3	4.7775
3	010404001008	直形墙 1.墙厚度：300mm以内 2.混凝土强度等级：C30 3.混凝土拌和料要求：商品混凝土	m^3	45.0563
	换B4-1	C20混凝土非现场搅拌	m^3	45.0563

知识拓展

(1)虚墙只起分割封闭作用,不计算工程量,也不影响工程量的计算,在装修中会经常用到。

(2)在对构件进行属性编辑时,属性编辑框中有两种颜色的字体:蓝色字体和黑色字体。蓝色字体显示的是构件的公有属性,黑色字体显示的是构件的私有属性。对公有属性部分进行操作,所做的改动对所有同名称构件起作用。

(3)对属性编辑框中"附加"进行勾选,方便用户对所定义的构件进行查看和区分。

(4)软件对内外墙定义的规定:软件为方便外墙布置,建筑面积、平整场地等部分智能布置功能,需要人为区分内外墙。

4.3 首层梁的工程量计算

通过本节学习,你将能够:

(1)依据定额和清单分析梁的工程量计算规则;

(2)定义梁的属性;

(3)绘制梁图元;

(4)统计梁工程量。

1)分析图纸

①分析结施-5,从左至右从上至下,本层有框架梁、屋面框架梁、非框架梁、悬挑梁4种。

②框架梁KL1~KL8a、屋面框架梁WKL1~WKL3、非框架梁L1~L12、悬挑梁XTL1,主要信息如表4.9所示。

表4.9 梁表

序号	类型	名称	混凝土标号	截面尺寸(mm)	顶标高	备注
1	框架梁	KL1	C30	250×500 250×650	层顶标高	变截面
		KL2	C30	250×500 250×650	层顶标高	变截面
		KL3	C30	250×500	层顶标高	
		KL4	C30	250×500 250×650	层顶标高	变截面
		KL5	C30	250×500	层顶标高	
		KL6	C30	250×500	层顶标高	
		KL7	C30	250×600	层顶标高	
		KL8	C30	250×500 250×650	层顶标高	变截面
		KL8a	C30	250×500	层顶标高	

续表

序号	类型	名称	混凝土标号	截面尺寸(mm)	顶标高	备注
2	屋面框架梁	WKL1	C30	250×600	层顶标高	
		WKL2	C30	250×600	层顶标高	
		WKL3	C30	250×500	层顶标高	
3	非框架梁	L1	C30	250×500	层顶标高	
		L2	C30	250×500	层顶标高	
		L3	C30	250×500	层顶标高	
		L4	C30	200×400	层顶标高	
		L5	C30	250×600	层顶标高	
		L6	C30	250×400	层顶标高	
		L7	C30	250×600	层顶标高	
		L8	C30	200×400	层顶标高	
		L9	C30	250×600	层顶标高	
		L10	C30	250×400	层顶标高	
		L11	C30	250×600	层顶标高	
		L12	C30	250×500	层顶标高	
4	悬挑梁	XTL1	C30	250×500	层顶标高	

2)清单、定额计算规则学习

(1)清单计算规则学习

梁清单计算规则如表4.10所示。

表4.10 梁清单计算规则

编号	项目名称	单位	计算规则	备注
010405001	有梁板	m^3	按设计图示尺寸以体积计算。不扣除构件内钢筋、预埋铁件所占体积,伸入墙内的梁头、梁垫并入梁体积内 梁长:梁与柱连接时,梁长算至柱侧面;主梁与次梁连接时,次梁长算至主梁侧面;圈梁与过梁连接时,过梁应并入圈梁计算	

(2)定额计算规则学习

梁定额计算规则如表4.11所示。

表4.11 梁定额计算规则

编号	项目名称	单位	计算规则	备注
B4-1	C20非现浇混凝土	m^3	同清单规则	

3)梁的属性定义

(1)框架梁的属性定义

在模块导航栏中单击“梁”→“梁”,单击“定义”按钮,进入梁的定义界面,在构件列表中单击“新建”→“新建矩形”,新建矩形梁 KL-1,根据 KL-1(9)图纸中的集中标注,在属性编辑器中输入相应的属性值,如图 4.19 所示。

(2)屋框梁的属性定义

屋框梁的属性定义同上面框架梁,如图 4.20 所示。

属性编辑框

属性名称	属性值	附加
名称	KL-1	
类别1	框架梁	☐
类别2		☐
材质	现浇混凝	☐
砼类型	(现浇砾石	☐
砼标号	(C30)	☐
截面宽度(mm)	250	☐
截面高度(mm)	500	☐
截面面积(m2)	0.125	☐
截面周长(m)	1.5	☐
起点顶标高(m)	层顶标高	☐
终点顶标高(m)	层顶标高	☐
轴线距梁左边	(125)	☐
砖胎膜厚度(mm	0	☐
是否计算单梁	否	☐
是否为人防构	否	☐
备注		☐

图 4.19

属性编辑框

属性名称	属性值	附加
名称	WKL1	
类别1	框架梁	☐
类别2		☐
材质	现浇混凝	☐
砼类型	(现浇砾石	☐
砼标号	(C30)	☐
截面宽度(mm)	250	☐
截面高度(mm)	600	☐
截面面积(m2)	0.15	☐
截面周长(m)	1.7	☐
起点顶标高(m)	层顶标高	☐
终点顶标高(m)	层顶标高	☐
轴线距梁左边	(125)	☐
砖胎膜厚度(mm	0	☐
是否计算单梁	否	☐
是否为人防构	否	☐
备注		☐

图 4.20

4)做法套用

梁构件定义好后,需要进行套用做法操作,如图 4.21 所示。

	编码	类别	项目名称	单位	工程量表达式	表达式说明	措施项目	专业
1	010405001001	项	“有梁板1.板厚度:100mm以内 2.混凝土强度等级:c30 3.混凝土拌和料要求:商品混凝土 ”	m3	TJ	TJ<体积>	☐	建筑工程
2	换B4-1	补	C20混凝土非现场搅拌	m3	TJ	TJ<体积>	☐	土建

图 4.21

5)梁画法讲解

(1)直线绘制

在绘图界面,单击“直线”,单击梁的起点①轴与Ⓓ轴的交点,再单击梁的终点④轴与Ⓓ轴的交点即可,如图 4.22 所示。

(2)镜像绘制梁图元

①~④轴间Ⓓ轴上的 KL1 与⑦~⑪轴间Ⓓ轴上的 KL1 是对称的,因此,我们可以采用“镜像”绘制此图元。点选镜像图元,单击右键选择“镜像”,单击对称点一,再单击对称点二,在弹出的对话框中选择“否”即可。

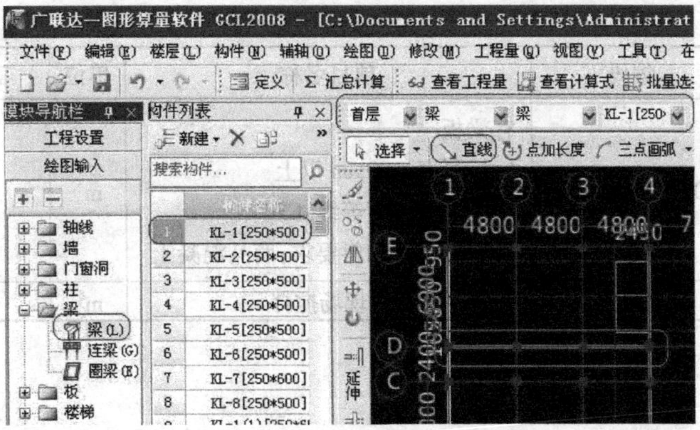

图 4.22

工程实战

(1)参照 KL1、WKL1 属性的定义方法,将 KL2 ~ KL8、WKL2、WKL3、L1 ~ L12、XTL1 按图纸要求定义。

(2)用直线、单对齐、镜像等方法将 KL2 ~ KL8、WKL2、WKL3、L1 ~ L12、XTL1 按图纸要求绘制,绘制完后如图 4.23 所示。

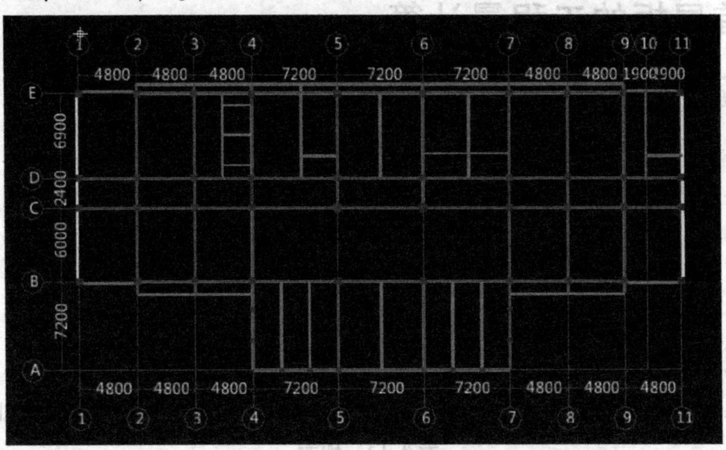

图 4.23

(3)汇总首层梁工程量。

设置报表范围时只选择梁,梁实体工程量如表 4.12 所示。请读者与自己的结果进行核对,如果不同,请找出原因并进行修改。

表 4.12 梁清单定额量

序号	编码	项目名称	单位	工程量
1	010405001001	有梁板 1. 板厚度:100mm 以内 2. 混凝土强度等级:C30 3. 混凝土拌和料要求:商品混凝土	m^3	13.7619
	换 B4-1	C20 混凝土非现场搅拌	m^3	13.7619

续表

序号	编码	项目名称	单位	工程量
2	010405001002	有梁板 1. 板厚度:100mm 以上 2. 混凝土强度等级:C30 3. 混凝土拌和料要求:商品混凝土	m^3	45.5494
	换 B4-1	C20 混凝土非现场搅拌	m^3	45.5494

知识拓展

(1)⑥~⑦轴与Ⓓ~Ⓔ轴间的梁标高比层顶标高低0.05,汇总之后选择图元,右键单击属性编辑框可以单独修改该梁的私有属性,更改标高。

(2)KL1、KL2、KL4、KL8在图纸上有两种截面尺寸,软件是不能定义同名称构件的,因此在定义时需重新定义。

(3)绘制梁构件时,一般先横向后竖向,先框架梁后次梁,避免遗漏。

4.4 首层板的工程量计算

通过本节学习,你将能够:

(1)依据定额和清单分析现浇板的工程量计算规则;

(2)定义板的属性;

(3)绘制板;

(4)统计板工程量。

1)分析图纸

分析结施-12,可以得到板的截面信息,包括屋面板与普通楼板,主要信息如表4.13所示。

表4.13 板表

序号	类型	名称	混凝土标号	板厚 h(mm)	板顶标高	备注
1	屋面板	WB1	C30	100	层顶标高	
2	普通楼板	LB2	C30	120	层顶标高	
		LB3	C30	120	层顶标高	
		LB4	C30	120	层顶标高	
		LB5	C30	120	层顶标高	
		LB6	C30	120	层顶标高,-0.050	
3	未注明板	LB1	C30	120	层顶标高	

2)定额、清单计算规则学习

(1)清单计算规则学习

板清单计算规则如表4.14所示。

表4.14　板清单计算规则

编号	项目名称	单位	计算规则	备注
010405001	有梁板	m^3	按设计图示尺寸以体积计算。不扣除构件内钢筋、预埋铁件及单个面积$0.3m^2$以内的孔洞所占体积。各类板伸入墙内的板头并入板体积内计算	

(2)定额计算规则学习

板定额计算规则如表4.15所示。

表4.15　板定额计算规则

编号	项目名称	单位	计算规则	备注
B4-1	C20非现浇混凝土	m^3	同清单规则	

3)板的属性定义

(1)楼板的属性定义

在模块导航栏中单击"板"→"现浇板",单击"定义"按钮,进入板的定义界面,在构件列表中单击"新建"→"新建现浇板",新建现浇板LB-2,根据LB-2在图纸中的尺寸标注,在属性编辑框中输入相应的属性值,如图4.24所示。

(2)屋面板的属性定义

屋面板的属性定义与楼板的属性定义完全相似,如图4.25所示。

属性编辑框

属性名称	属性值	附加
名称	LB-2	
类别	有梁板	☐
厚度(mm)	(120)	☐
砼类型	(现浇砾石	☐
砼标号	(C30)	☐
顶标高(m)	层顶标高	☐
是否是楼板	是	☐
备注		☐

图4.24

属性编辑框

属性名称	属性值	附加
名称	WB1	
类别	有梁板	☐
厚度(mm)	100	☐
砼类型	(现浇砾石	☐
砼标号	(C30)	☐
顶标高(m)	层顶标高	☐
是否是楼板	是	☐
备注		☐

图4.25

4)做法套用

板构件定义好后,需要进行做法套用,如图4.26所示。

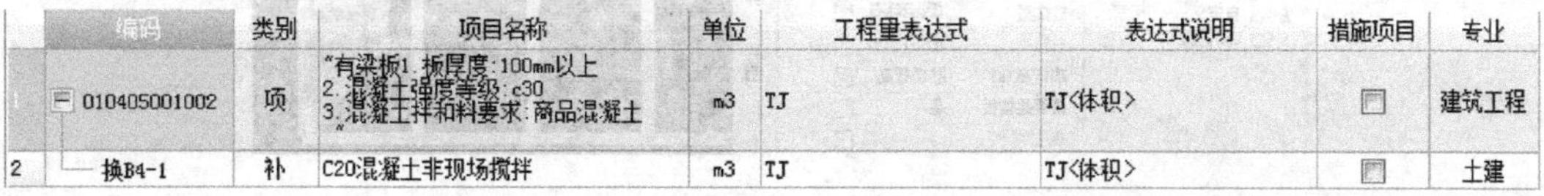

	编码	类别	项目名称	单位	工程量表达式	表达式说明	措施项目	专业
1	010405001002	项	"有梁板1.板厚度:100mm以上 2.混凝土强度等级:c30 3.混凝土拌和料要求:商品混凝土"	m3	TJ	TJ<体积>	☐	建筑工程
2	换B4-1	补	C20混凝土非现场搅拌	m3	TJ	TJ<体积>	☐	土建

图4.26

5)板画法讲解

(1)点画绘制板

以 WB1 为例,定义好屋面板后,单击“点画”,在 WB1 区域单击左键即可布置 WB1,如图 4.27 所示。

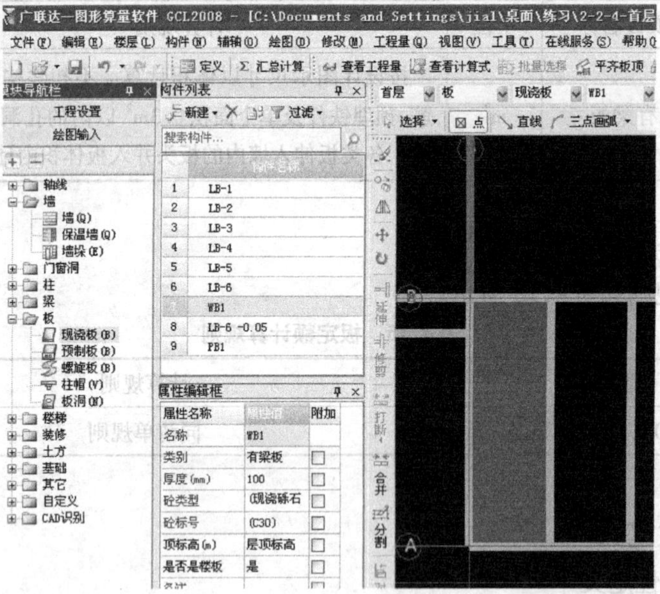

图 4.27

(2)直线绘制板

仍以 WB1 为例,定义好屋面板后,单击“直线”,左键单击 WB1 边界区域的交点,围成一个封闭区域,WB1 即可布置,如图 4.28 所示。

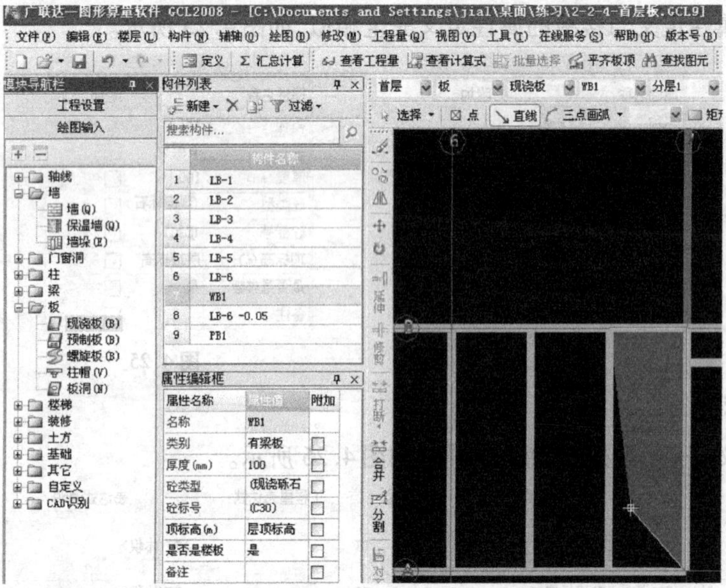

图 4.28

工程实战

(1)根据上述屋面板、普通楼板的定义方法，将本层剩下的LB3、LB4、LB5、LB6定义好。

(2)用点画、直线、矩形等方法将①轴与⑪轴间的板绘制好，绘制完后如图4.29所示。

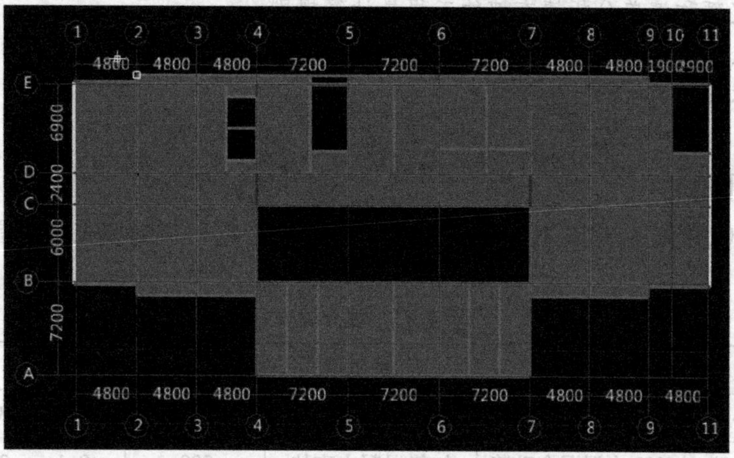

图4.29

(3)汇总板的工程量。

设置报表范围时只选择板，板的实体工程量如表4.16所示。请读者与自己的结果进行核对，如果不同，请找出原因并进行修改。

表4.16 板清单定额量

序号	编码	项目名称	单位	工程量
1	010405001001	有梁板 1.板厚度:100mm以内 2.混凝土强度等级:C30 3.混凝土拌和料要求:商品混凝土	m^3	13.5824
	换B4-1	C20混凝土非现场搅拌	m^3	13.5824
2	010405001002	有梁板 1.板厚度:100mm以上 2.混凝土强度等级:C30 3.混凝土拌和料要求:商品混凝土	m^3	67.5348
	换B4-1	C20混凝土非现场搅拌	m^3	67.5348

知识拓展

(1)⑥~⑦轴与Ⓓ~Ⓔ轴间的板顶标高低于层顶标高0.05m，在绘制板后可以通过单独调整这块板的属性来调整标高。

(2)Ⓑ轴与Ⓒ轴间左边与右边的板可以通过镜像绘制，绘制方法与柱镜像绘制方法相同。

(3)板属于面式构件，绘制方法和其他面式构件相似。

4.5 首层填充墙的工程量计算

通过本节学习，你将能够：

(1)依据定额和清单分析填充墙的工程量计算规则；

(2)运用点加长度绘制墙图元；

(3)统计本层墙的阶段性工程量。

1)分析图纸

分析建施-0、建施-3、建施-10、建施-11、建施-12、结施-8，可得到填充墙的信息，如表4.17所示。

表4.17 填充墙表

序号	类型	砌筑砂浆	材质	墙厚(mm)	标高	备注
1	砌块外墙	M10 水泥混合砂浆	加气混凝土砌块	250	-0.1 ~ +3.8	梁下墙
2	砌块内墙	M10 水泥混合砂浆	加气混凝土砌块	200	-0.1 ~ +3.8	梁下墙
3	砌块内墙	M10 水泥混合砂浆	加气混凝土砌块	250	-0.1 ~ +3.8	梁下墙

2)清单、定额计算规则学习

(1)清单计算规则学习

砌块墙清单计算规则如表4.18所示。

表4.18 砌块墙清单计算规则

编号	项目名称	单位	计算规则	备注
010304001	空心砖墙、砌块墙	m^3	按设计图示尺寸以体积计算。扣除门窗洞口、过人洞、空圈、嵌入墙内的钢筋混凝土柱、梁、圈梁、挑梁、过梁及凹进墙内的壁龛、管槽、暖气槽、消火栓箱所占体积，不扣除梁头、板头、檩头、垫木、木楞头、沿缘木、木砖、门窗走头、砖墙内加固钢筋、木筋、铁件、钢管及单个面积 $0.3m^2$ 以内的孔洞所占体积。凸出墙面的腰线、挑檐、压顶、窗台线、虎头砖、门窗套的体积亦不增加。凸出墙面的砖垛并入墙体体积内计算	

(2)定额计算规则学习

砌块墙定额计算规则如表4.19所示。

表4.19 砌块墙定额计算规则

编号	项目名称	单位	计算规则	备注
3-46	加气混凝土块墙(M10 水泥混合砌筑砂浆)	m^3	同清单	

3)砌块墙的属性定义

新建砌块墙的方法参见新建剪力墙的方法,这里只是简单地介绍一下新建砌块墙需要注意的地方,如图 4.30、图 4.31 所示。

属性编辑框
属性名称 属性值 附加
名称 Q3
类别 砌体墙
材质 加气砼砌
内/外墙标志 外墙
厚度(mm) 250
砂浆类型 (混合砂浆
砂浆标号 (M5)
起点顶标高(m) 层顶标高
终点顶标高(m) 层顶标高
起点底标高(m) 层底标高
终点底标高(m) 层底标高
轴线距左墙皮 (125)
工艺
填充材料
是否为人防构 否
备注

图 4.30

属性编辑框
属性名称 属性值 附加
名称 Q4
类别 砌体墙
材质 加气砼砌
内/外墙标志 内墙
厚度(mm) 200
砂浆类型 (混合砂浆
砂浆标号 (M5)
起点顶标高(m) 层顶标高
终点顶标高(m) 层顶标高
起点底标高(m) 层底标高
终点底标高(m) 层底标高
轴线距左墙皮 (100)
工艺
填充材料
是否为人防构 否
备注

图 4.31

内/外墙标志:外墙和内墙要区别定义,在 4.2 节讲过除了对自身工程量有影响外,还影响其他构件的智能布置。上面两个图中用红色圈起来的地方,可以根据工程实际需要对标高进行定义,本工程是按照软件默认的高度进行设置,软件会根据定额的计算规则对砌块墙和混凝土相交的地方进行自动处理。

4)做法套用

①砌块外墙的做法套用,如图 4.32 所示。

	编码	类别	项目名称	单位	工程量表达式	表达式说明	措施项目	专业
1	010304001002	项	"空心砖墙、砌块墙1.墙体厚度:250mm 2.空心砖、砌块品种、规格、强度等级:加气混凝土砌块 3.砂浆强度等级、配合比:M10混合砂浆"	m3	TJ	TJ<体积>	☐	建筑工程
2	3-46	定	加气 混凝土块墙(M10混合砌筑砂浆)	m3	TJ	TJ<体积>	☐	土建

图 4.32

②砌块内墙的做法套用,如图 4.33 所示。

	编码	类别	项目名称	单位	工程量表达式	表达式说明	措施项目	专业
1	010304001001	项	"空心砖墙、砌块墙1.墙体厚度:200mm 2.空心砖、砌块品种、规格、强度等级:加气混凝土砌块 3.砂浆强度等级、配合比:M10混合砂浆"	m3	TJ	TJ<体积>	☐	建筑工程
2	3-46	定	加气 混凝土块墙(M10混合砌筑砂浆)	m3	TJ	TJ<体积>	☐	土建

图 4.33

5）砌块墙画法讲解

点加直线：建施-3 中在②轴、Ⓑ轴向下有一段墙体 1025mm（中心线距离），单击“点加长度”，单击起点Ⓑ轴与②轴相交点，然后向上找到Ⓒ轴与②轴相交点单击一下，弹出“点加长度设置”对话框，在“反向延伸长度（mm）”中输入“1025”，然后单击“确定”按钮，如图 4.34 所示。

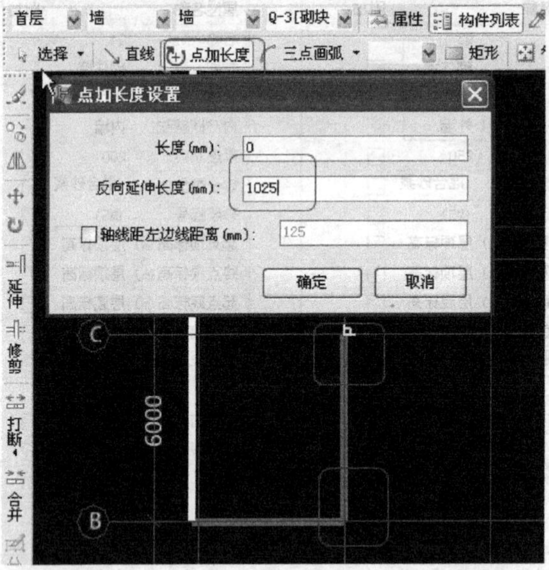

图 4.34

工程实战

（1）按照“点加长度”的画法，请把②轴、Ⓔ轴向上，⑨轴、Ⓔ轴向上等相似位置的砌块外墙绘制好。

（2）汇总砌块墙的工程量。

设置报表范围时，只选择砌块墙，其实体工程量如表 4.20 所示。请读者与自己的结果进行核对，如果不同，请找出原因并进行修改。

表 4.20　砌块墙清单定额量

序号	编码	项目名称	单位	工程量
1	10304001001	空心砖墙、砌块墙 1. 墙体厚度：200mm 2. 空心砖、砌块品种、规格、强度等级：加气混凝土砌块 3. 砂浆强度等级、配合比：M10 混合砂浆	m^3	94.3734
	3-46	加气 混凝土块墙（M10 混合砌筑砂浆）	$10m^3$	9.4234
2	010304001002	空心砖墙、砌块墙 1. 墙体厚度：250mm 2. 空心砖、砌块品种、规格、强度等级：加气混凝土砌块 3. 砂浆强度等级、配合比：M10 混合砂浆	m^3	69.5426
	3-46	加气 混凝土块墙（M10 混合砌筑砂浆）	$10m^3$	6.9543

续表

序号	编码	项目名称	单位	工程量
3	010304001005	空心砖墙、砌块墙 1.墙体厚度:100mm 2.空心砖、砌块品种、规格、强度等级:加气混凝土砌块 3.砂浆强度等级、配合比:M10混合砂浆	m^3	2.0243
	3-46	加气 混凝土块墙(M10混合砌筑砂浆)	$10m^3$	0.2024

知识拓展

(1)"Shift+左键",绘制偏移位置的墙体。在直线绘制墙体的状态下,按住"Shift"键同时单击⑤轴和Ⓓ轴的相交点,弹出"输入偏移量"对话框,在"X="的地方输入"-3000",单击"确定"按钮,然后向着垂直Ⓔ轴的方向绘制墙体。

(2)做实际工程时,要依据图纸对各个构件进行分析,确定构件需要计算的内容和方法,对软件所计算的工程量进行分析核对。在本节介绍了"点加长度"和"Shift+左键"的方法绘制墙体,在应用时可以依据图纸分析哪个功能能帮助我们快速绘制图元。

4.6 首层门窗、洞口、壁龛的工程量计算

通过本节学习,你将能够:

(1)定义门窗洞口;

(2)制门窗图元;

(3)统计本层门窗的工程量。

1)分析图纸

分析图纸建施-3、建施-10、建施-12,可以得到门窗的信息,如表4.21所示。

表4.21　门窗表

序号	名称	数量(个)	宽(mm)	高(mm)	离地高度(mm)	备注
1	M1	10	1000	2100	0	木质夹板门
2	M2	1	1500	2100	0	木质夹板门
3	LM1	1	2100	3000	0	铝塑平开门
4	TLM1	1	3000	2100	0	玻璃推拉门
5	YFM1	2	1200	2100	0	钢制乙级防火门
6	JXM1	1	550	2000	0	木质丙级防火检修门
7	JXM2	1	1200	2000	0	木质丙级防火检修门

续表

序号	名称	数量(个)	宽(mm)	高(mm)	离地高度(mm)	备注
8	LC1	10	900	2700	700	铝塑上悬窗
9	LC2	16	1200	2700	700	铝塑上悬窗
10	LC3	2	1500	2700	700	铝塑上悬窗
11	MQ1	1	21000	3900	0	铝塑上悬窗
12	MQ2	4	4975	16500	0	铝塑上悬窗
13	消火栓箱	2	750	1650	150	

2)清单、定额计算规则学习

(1)清单计算规则学习

门窗清单计算规则如表4.22所示。

表4.22　门窗清单计算规则

编号	项目名称	单位	计算规则	备注
020401003	实木装饰门	m^2	各类门、窗工程量除特别规定外,均按设计图示尺寸以门、窗洞口面积计算	
020401006	木质防火门	m^2		
020402005	塑钢门	m^2		
020402007	钢制防火门	m^2		
020404005	全玻门(带扇框)	m^2		
020406007	塑钢窗	m^2		

(2)定额计算规则学习

门窗定额计算规则如表4.23所示。

表4.23　门窗定额计算规则

编号	项目名称	单位	计算规则	备注
7-24	木门(带框)安装	m^2	同清单计算规则	
10-973	成品木质防火门安装	m^2		
10-964	成品塑钢门安装平开门	m^2		
10-972	成品门安装钢防火门	m^2		
7-43	无框玻璃门制作安装单层12mm	m^2		
10-965	成品窗安装塑钢平开窗	m^2		
10-967	成品窗安装塑钢纱窗扇	m^2		

3)构件属性定义

(1)门的属性定义

在模块导航栏中单击“门窗洞”→“门”,单击“定义”按钮,进入门的定义界面,在构件列表中单击“新建”→“新建矩形门”,在属性编辑框中输入相应的属性值,如图 4.35 所示。

①洞口宽度、洞口高度:从门窗表中可以直接得到属性值。

②框厚:输入门实际的框厚尺寸,对墙面块料面积的计算有影响,本工程输入为“0”。

③立樘距离:门框中心线与墙中心线间的距离,默认为“0”。如果门框中心线在墙中心线左边,该值为负,否则为正。

属性编辑框

属性名称	属性值	附加
名称	M-1	
洞口宽度(mm)	1000	□
洞口高度(mm)	2100	□
框厚(mm)	0	□
立樘距离(mm)	0	□
洞口面积(m2)	2.1	□
离地高度(mm)	0	□
是否为人防构	否	□
备注		□

图 4.35

(2)窗的属性定义

在模块导航栏中单击“门窗洞”→“窗”,单击“定义”按钮,进入窗的定义界面,在构件列表中单击“新建”→“新建矩形窗”,在属性编辑框中输入相应的属性值,如图 4.36 所示。

(3)带形窗的属性定义

在模块导航栏中单击“门窗洞”→“带形窗”,单击“定义”按钮,进入带形窗的定义界面,在构件列表中单击“新建”→“新建带形窗”,在属性编辑框中输入相应的属性值,如图 4.37 所示。带形窗不必依附墙体存在,本工程中 MQ1 不进行绘制。

属性编辑框

属性名称	属性值	附加
名称	LC1	
洞口宽度(mm)	900	□
洞口高度(mm)	2700	□
框厚(mm)	0	□
立樘距离(mm)	0	□
洞口面积(m2)	2.43	□
离地高度(mm)	700	□
备注		□

图 4.36

属性编辑框

属性名称	属性值	附加
名称	MQ1	
框厚(mm)	0	□
起点顶标高(m)	层顶标高	□
起点底标高(m)	层底标高	□
终点顶标高(m)	层顶标高	□
终点底标高(m)	层底标高	□
轴线距左边线	(0)	□
备注		□

图 4.37

(4)电梯洞口的属性定义

在模块导航栏中单击“门窗洞”→“电梯洞口”,在构件列表中单击“新建”→“新建电梯洞口”,其属性定义如图 4.38 所示。

属性名称	属性值	附加
名称	电梯洞口	
洞口宽度(mm)	1200	□
洞口高度(mm)	2600	□
离地高度(mm)	0	□
洞口面积(m2)	3.12	□
备注		□

图 4.38

属性编辑框

属性名称	属性值	附加
名称	消火栓箱	
洞口宽度(mm)	750	□
洞口高度(mm)	1650	□
壁龛深度(mm)	100	□
离地高度(mm)	150	□
是否为人防构	否	□
备注		□

图 4.39

(5)壁龛(消火栓箱)的属性定义

在模块导航栏中单击“门窗洞”→“壁龛(消火栓箱)”,在构件列表中单击“新建”→“新建壁龛（消火栓箱）”，其属性定义如图 4.39 所示。

4）做法套用

门窗的材质较多，仅在这里表示几个。

①M1 的做法套用，如图 4.40 所示。

	编码	类别	项目名称	单位	工程量表达式	表达式说明	措施项目	专业
1	020401003001	项	"实木装饰门1.部位：M1、M2 2.类型：实木成品豪华装饰门（带框），含五金"	m2	DKMJ	DKMJ<洞口面积>	□	装饰装修工程
2	7-24	定	木门框(有亮)安装	m2	DKMJ	DKMJ<洞口面积>	□	土建

图 4.40

②JXM1 的做法套用，如图 4.41 所示。

	编码	类别	项目名称	单位	工程量表达式	表达式说明	措施项目	专业
1	020401006001	项	木质防火门成品木质丙级防火门，含五金	m2	DKMJ	DKMJ<洞口面积>	□	装饰装修工程
2	10-973	定	成品木质防火门安装	m2	DKMJ	DKMJ<洞口面积>	□	土建

图 4.41

5）门窗洞口的画法讲解

门窗洞构件属于墙的附属构件，也就是说门窗洞构件必须绘制在墙上。

（1）点画法

门窗最常用的是点绘制。对于计算来说，一段墙扣减门窗洞口面积，只要门窗绘制在墙上就可以，一般对于位置要求不用很精确，所以直接采用点绘制即可。在点绘制时，软件默认开启动态输入的数值框，可以直接输入一边距墙端头的距离，或通过“Tab”键切换输入框，如图 4.42 所示。

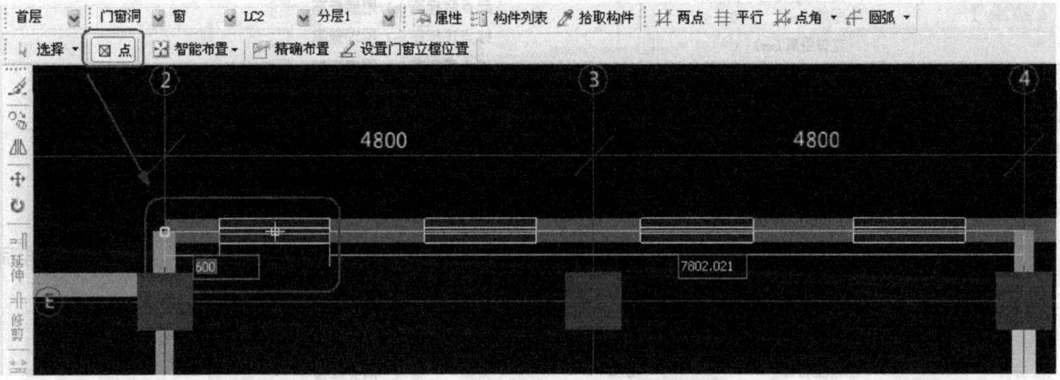

图 4.42

（2）精确布置

当门窗紧邻柱等构件布置时，考虑其上过梁与旁边的柱、墙扣减关系，需要对这些门窗精确定位。如一层平面图中的 M1 都是贴着柱边布置的。

以绘制Ⓒ轴与②轴交点处的 M1 为例：先选择“精确布置”功能，再选择Ⓒ轴的墙，然后指定插入点，在“请输入偏移值”中输入“-300”，单击“确定”按钮即可，如图 4.43 所示。

（3）打断

由建施-3 中 MQ1 的位置可以看出，起点和终点均位于外墙外边线的地方，绘制的时候这

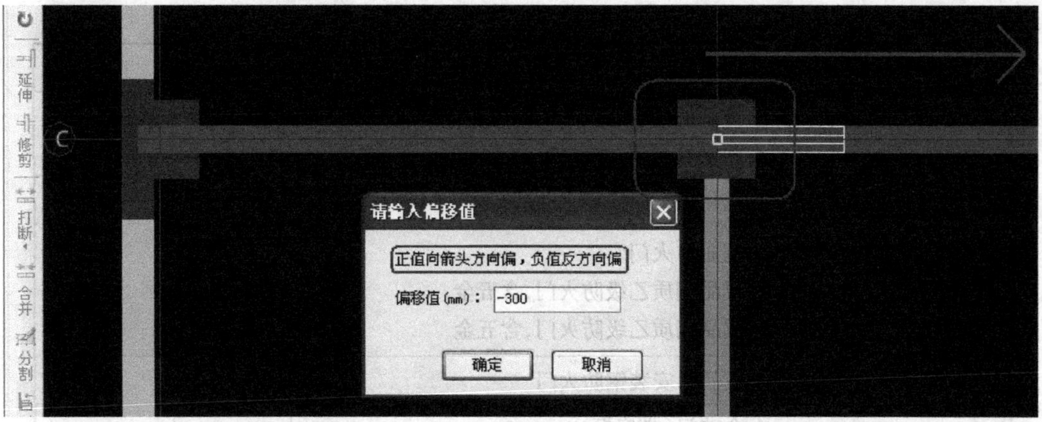

图4.43

两个点不好捕捉，绘制好MQ1后单击左侧工具栏的“打断”，捕捉到MQ1和外墙外边线的交点，绘图界面出现黄色的小叉，单击右键，在弹出的“确认”对话框中选择“是”按钮。选取不需要的MQ1，单击右键选择“删除”即可，如图4.44所示。

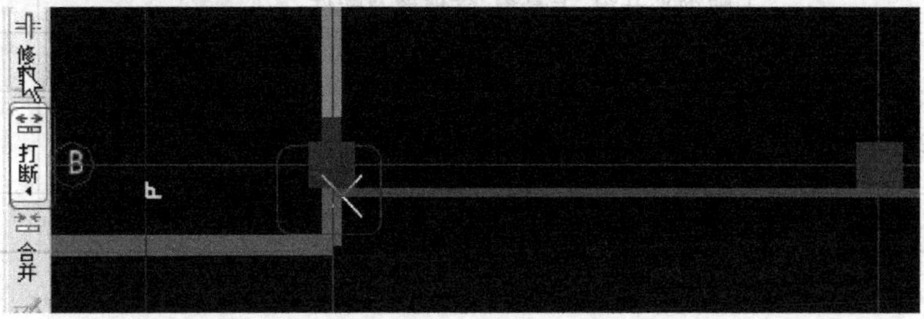

图4.44

工程实战

(1)参照M1属性定义的方法，将剩余的门窗按图纸要求定义并进行绘制。

(2)汇总门窗工程量。

设置报表范围时，只选择门窗洞，其实体工程量如表4.24所示。请读者与自己的结果进行核对，如果不同，请找出原因并进行修改。

表4.24 门窗清单定额工程量

序号	编码	项目名称	单位	工程量
1	020401003001	实木装饰门 1.部位：M1、M2 2.类型：实木成品豪华装饰门(带框)，含五金	m^2	24.15
	7-24	木门框(有亮)安装	$100m^2$	0.2415
2	020401006001	木质防火门 成品木质丙级防火门，含五金	m^2	5.9
	10-973	成品木质防火门安装	$100m^2$	0.059

续表

序号	编码	项目名称	单位	工程量
3	020402005001	塑钢门 塑钢平开门，含玻璃、五金配件	m^2	6.3
	10-964	成品塑钢门安装平开门	$100m^2$	0.063
4	020402007002	钢质防火门 成品钢质乙级防火门，含五金 成品钢质乙级防火门，含五金	m^2	5.04
	10-972	成品门安装钢防火门	$100m^2$	0.0504
5	020404005001	全玻门(带扇框) 玻璃推拉开门，含玻璃、五金配件	m^2	6.3
	7-43	无框玻璃门安装单层 12mm	$100m^2$	0.063
6	020406007001	塑钢窗 塑钢平开窗、上悬窗，含玻璃及配件	m^2	110.16
	10-965	成品窗安装塑钢平开窗	$100m^2$	1.1016
7	020406007002	塑钢窗 塑钢纱扇，含配件	m^2	110.16
	10-967	成品窗安装塑钢纱窗扇	$100m^2$	1.1016

知识拓展

分析建施-3，位于Ⓔ轴向上②～④轴位置的 LC2 和Ⓑ轴向下②～④轴的 LC2 是一样的，可用“复制”命令快速地绘制 LC2，单击绘图界面的“复制”按钮，选中 LC2，找到墙端头的基点，再单击Ⓑ轴向下 1025mm 与②轴的相交点，完成复制，如图 4.45 所示。

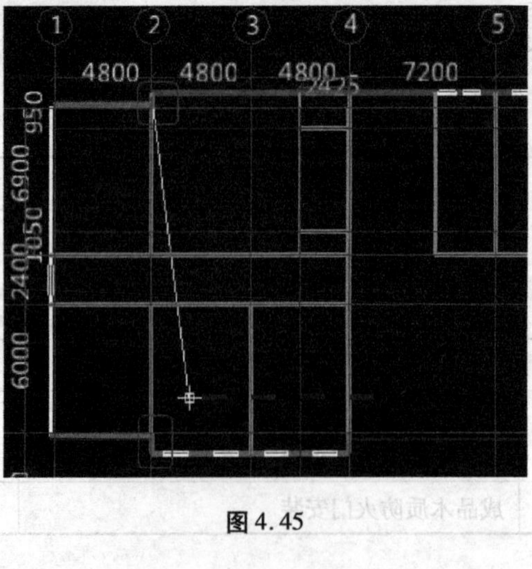

图 4.45

4.7 过梁、圈梁、构造柱的工程量计算

通过本节学习，你将能够：

(1)依据定额和清单分析过梁、圈梁、构造柱的工程量计算规则；

(2)定义过梁、圈梁、构造柱；

(3)绘制过梁、圈梁、构造柱；

(4)统计本层过梁、圈梁、构造柱的工程量。

1)分析图纸

(1)分析过梁、圈梁

分析结施-2、建施-3、结施-2中(7)可知，内墙圈梁在门洞上设一道，兼做过梁，门洞上方部分应套用过梁清单；外墙窗台处设一道圈梁，窗顶刚好顶到框架梁，所以圈梁不再设置，外墙所有的窗上不再布置过梁，MQ1、MQ2的顶标高直接到混凝土梁，不再设置过梁；LM1上设置过梁一道，尺寸为250mm×180mm，圈梁信息如表4.25所示。

表4.25 圈梁表

序号	名称	位置	宽(mm)	高(mm)	备注
1	QL-1	内墙上	200	120	
2	QL-2	外墙上	250	180	

(2)分析构造柱

构造柱的设置位置参见结施-2中(4)。

2)清单、定额计算规则学习

(1)清单计算规则学习

圈(过)梁、构造柱清单计算规则如表4.26所示。

表4.26 圈(过)梁、构造柱清单计算规则

编号	项目名称	单位	计算规则	备注
010403004	圈梁	m^3	同梁	
010402001	构造柱	m^3	构造柱按全高计算，嵌接墙体部分并入柱身计算	
010403005	过梁	m^3	同梁	

(2)定额计算规则学习

圈(过)梁、构造柱定额计算规则如表4.27所示。

表 4.27　圈(过)梁、构造柱定额计算规则

编号	项目名称	单位	计算规则	备注
B4-1	圈(过)梁	m^3	圈梁的长度,外墙按中心线,内墙按净长线计算	
B4-1	构造柱	m^3	构造柱与砖墙嵌入部分的体积并入柱身体积内计算	

3)属性定义

(1)内墙圈梁的属性定义

在模块导航栏中单击"梁"→"圈梁",在构件列表中单击"新建"→"新建圈梁",在属性编辑框中输入相应的属性值,如图 4.46 所示。内墙上门的高度不一样,绘制完内墙圈梁后,需要手动修改圈梁标高。

(2)构造柱的属性定义

在模块导航栏中单击"柱"→"构造柱",在构件列表中单击"新建"→"新建构造柱",在编辑框中输入相应的属性值,如图 4.47 所示。

(3)过梁的属性定义

在模块导航栏中单击"门窗洞"→"过梁",在构件列表中单击"新建"→"新建矩形过梁",在属性编辑框中输入相应的属性值,如图 4.48 所示。

属性编辑框

属性名称	属性值	附加
名称	QL-1	
材质	现浇混凝土	☐
砼类型	(现浇砾石混凝	☐
砼标号	(C25)	☐
截面宽度(mm)	200	☐
截面高度(mm)	120	☐
截面面积(m2)	0.024	☐
截面周长(m)	0.64	☐
起点顶标高(m)	层底标高+2.22	☐
终点顶标高(m)	层底标高+2.22	☐
轴线距梁左边	(100)	☐
砖胎膜厚度(mm	0	☐
备注		☐

图 4.46

属性编辑框

属性名称	属性值	附加
名称	GZ-1	
类别	带马牙槎	☐
材质	现浇混凝	☐
砼类型	(现浇砾石	☐
砼标号	(C25)	☐
截面宽度(mm)	200	☐
截面高度(mm)	200	☐
截面面积(m2)	0.04	☐
截面周长(m)	0.8	☐
马牙槎宽度(mm	60	☐
顶标高(m)	层顶标高	☐
底标高(m)	层底标高	☐
备注		☐

图 4.47

属性编辑框

属性名称	属性值	附加
名称	GL-1	
材质	现浇混凝	☐
砼类型	(现浇砾石	☐
砼标号	(C25)	☐
位置	洞口上方	☐
长度(mm)	(500)	☐
截面宽度(mm)		☐
截面高度(mm)	180	☐
起点伸入墙内	250	☐
终点伸入墙内	250	☐
截面周长(m)	0.36	☐
截面面积(m2)	0	☐
顶标高(m)	洞口顶标	☐
中心线距左墙	(0)	☐
备注		☐

图 4.48

4)做法套用

①圈梁的做法套用,如图 4.49 所示。

	编码	类别	项目名称	单位	工程量表达式	表达式说明	措施项目	专业
1	010403004001	项	"圈梁1.混凝土强度等级:c25 2.混凝土拌和料要求:商品混凝土"	m3	TJ	TJ<体积>	☐	建筑工程
2	换B4-1	补	C20混凝土非现场搅拌	m3	TJ	TJ<体积>	☐	土建

图 4.49

②构造柱的做法套用,如图 4.50 所示。

③过梁的做法套用,如图 4.51 所示。

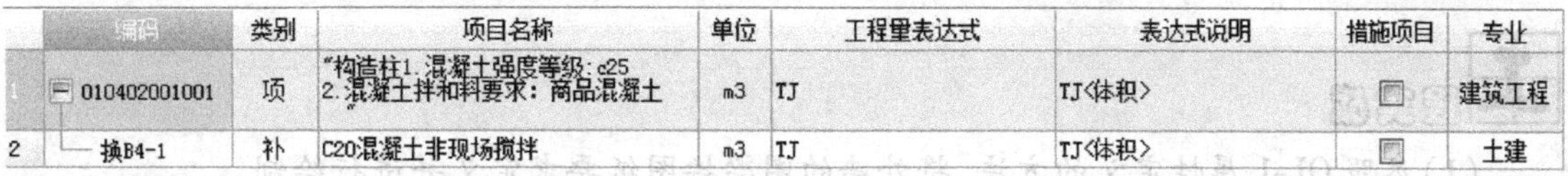

	编码	类别	项目名称	单位	工程量表达式	表达式说明	措施项目	专业
1	010402001001	项	"构造柱1.混凝土强度等级:c25 2.混凝土拌和料要求:商品混凝土"	m3	TJ	TJ<体积>	☐	建筑工程
2	换B4-1	补	C20混凝土非现场搅拌	m3	TJ	TJ<体积>	☐	土建

图 4.50

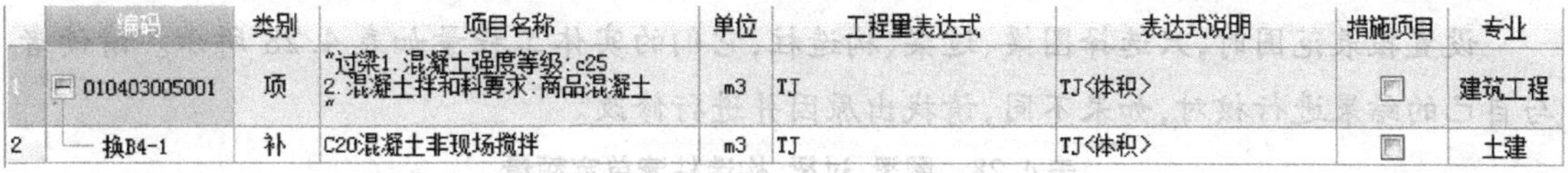

	编码	类别	项目名称	单位	工程量表达式	表达式说明	措施项目	专业
1	010403005001	项	"过梁1.混凝土强度等级:c25 2.混凝土拌和料要求:商品混凝土"	m3	TJ	TJ<体积>	☐	建筑工程
2	换B4-1	补	C20混凝土非现场搅拌	m3	TJ	TJ<体积>	☐	土建

图 4.51

5)画法讲解

(1)圈梁的画法

圈梁可以采用"直线"画法,方法同墙的画法,这里不再重复。单击"智能布置"→"墙中心线",如图4.52所示。然后选中要布置的砌块内墙,单击右键确定即可。

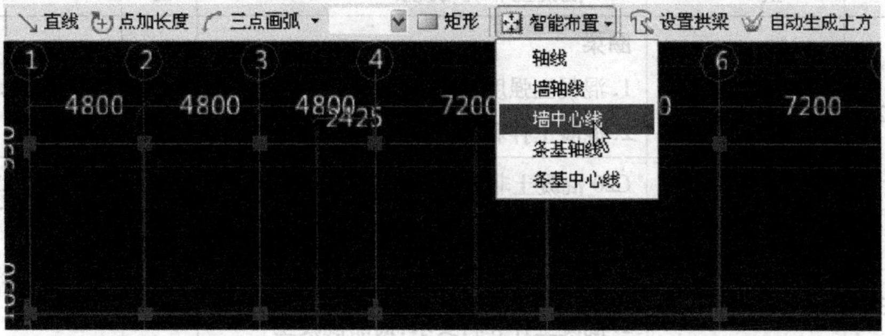

图 4.52

(2)构造柱的画法

①点画。构造柱可以按照点画布置,同框架柱的画法,这里不再重复。

②自动生成构造柱。单击"自动生成构造柱",弹出如图4.53所示对话框。在对话框中输入对应信息,单击"确定"按钮,然后选中墙体,单击右键确定即可。

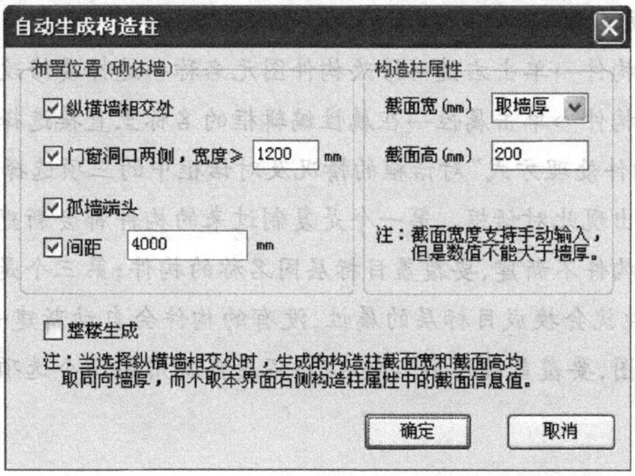

图 4.53

工程实战

(1)参照QL-1属性定义的方法,将外墙的圈梁按图纸要求定义并进行绘制。

(2)汇总圈梁、过梁、构造柱的工程量。

设置报表范围时,只选择圈梁、过梁、构造柱,它们的实体工程量如表4.28所示。请读者与自己的结果进行核对,如果不同,请找出原因并进行修改。

表4.28 圈梁、过梁、构造柱清单定额量

序号	编码	项目名称	单位	工程量
1	010402001001	构造柱 1. 混凝土强度等级:C25 2. 混凝土拌和料要求:商品混凝土	m^3	12.4181
	换B4-1	C20混凝土非现场搅拌	m^3	12.4181
2	010403004001	圈梁 1. 混凝土强度等级:C25 2. 混凝土拌和料要求:商品混凝土	m^3	4.6922
	换B4-1	C20混凝土非现场搅拌	m^3	4.6922
3	010403005001	过梁 1. 混凝土强度等级:C25 2. 混凝土拌和料要求:商品混凝土	m^3	0.141
	换B4-1	C20混凝土非现场搅拌	m^3	0.141

知识拓展

(1)修改构件图元名称

①选中要修改的构件→单击右键→修改构件图元名称→选择要修改的构件。

②选中要修改的构件→单击属性→在属性编辑框的名称里直接选择要修改的构件名称。

(2)出现"同名构件处理方式"对话框的情况及对话框中的三项选择的意思

在复制楼层时会出现此对话框。第一个是复制过来的构件都会新建一个,并且名称+n;第二个是复制过来的构件不新建,要覆盖目标层同名称的构件;第三个是复制过来的构件,目标层里有的,构件属性就会换成目标层的属性,没有的构件会自动新建一个构件。(注意:当前楼层如果有画好的图,要覆盖就用第二个选项;不覆盖就用第三个选项,第一个选项一般用的不多)

4.8 首层后浇带、雨篷的工程量计算

通过本节学习，你将能够：
(1)依据定额和清单分析首层后浇带、雨篷的工程量计算规则；
(2)定义首层后浇带、雨篷；
(3)绘制首层后浇带、雨篷；
(4)统计首层后浇带、雨篷的工程量。

1)分析图纸

分析结施-12，可以从板平面图中得到后浇带的截面信息。本层只有一条后浇带，后浇带宽度为800mm，分布在⑤轴与⑥轴间，距离⑤轴的距离为1000mm。

2)清单、定额计算规则学习

(1)清单计算规则学习

后浇带、雨篷清单计算规则如表4.29所示。

表4.29 后浇带、雨篷清单计算规则

编号	项目名称	单位	计算规则	备注
010405008	雨篷、阳台板	m^3	按设计图示尺寸以墙外部分体积计算，包括伸出墙外的牛腿和雨篷反挑檐的体积	
010408001	后浇带	m^3	按设计图示尺寸以体积计算	
020506001	抹灰面油漆	m^2	按设计图示尺寸以面积计算	
020301001	雨篷、挑檐抹灰	m^2	雨篷、挑檐、飘窗、空调板、遮阳板的单面抹灰按设计图示尺寸以水平投影面积计算。雨篷顶面带反檐或反梁者，其工程量按其水平投影面积乘以系数1.2	

(2)定额计算规则学习

后浇带、雨篷定额计算规则如表4.30所示。

表4.30 后浇带、雨篷定额计算规则

编号	项目名称	单位	计算规则	备注
B4-1	雨篷	m^3	按设计图示尺寸以墙外部分体积计算，包括伸出墙外的牛腿和反挑檐的体积	
B4-1	后浇带有梁板板厚(mm)100以内	m^3	按设计图示尺寸以体积计算	

续表

编号	项目名称	单位	计算规则	备注
10-1331	抹灰面刷乳胶漆 满刮成品腻子 一底漆二面漆	m^2	按设计图示尺寸以面积计算	
10-660	雨篷、挑檐抹灰 水泥砂浆 厚5mm+5mm	m^2	雨篷、挑檐、飘窗、空调板、遮阳板的单面抹灰按设计图示尺寸以水平投影面积计算。雨篷顶面带反檐或反梁者,其工程量按其水平投影面积乘以系数1.2	

3)属性定义

(1)后浇带的属性定义

在模块导航栏中单击“其他”→“后浇带”,在构件列表中单击“新建”→“新建现浇板”,新建现浇板 HJD1,根据图纸中 HJD1 的尺寸标注,在属性编辑框中输入相应的属性值,如图4.54所示。

(2)雨篷的属性定义

在模块导航栏中单击“其他”→“雨篷”,在构件列表下单击“新建”→“新建雨篷”,在属性编辑框中输入相应的属性值,如图4.55所示。

属性编辑框

属性名称	属性值	附加
名称	HJD1	
宽度(mm)	800	☐
备注		☐

图4.54

属性编辑框

属性名称	属性值	附加
名称	雨篷1	
材质	现浇混凝	☐
板厚(mm)	150	☐
砼类型	(现浇砾石	☐
砼标号	(C25)	☐
顶标高(m)	3.45	☐
建筑面积计算	不计算	☐
备注		☐

图4.55

4)做法套用

①后浇带的做法套用与现浇板有所不同,如图4.56所示。

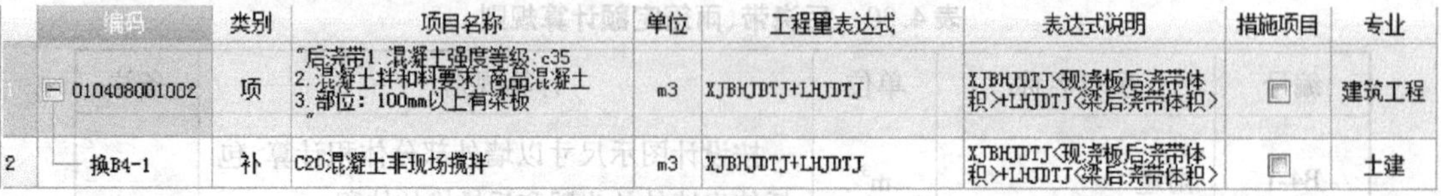

	编码	类别	项目名称	单位	工程量表达式	表达式说明	措施项目	专业
1	010408001002	项	"后浇带1. 混凝土强度等级:c35 2.混凝土拌和料要求:商品混凝土 3.部位:100mm以上有梁板"	m3	XJBHJDTJ+LHJDTJ	XJBHJDTJ<现浇板后浇带体积>+LHJDTJ<梁后浇带体积>	☐	建筑工程
2	换B4-1	补	C20混凝土非现场搅拌	m3	XJBHJDTJ+LHJDTJ	XJBHJDTJ<现浇板后浇带体积>+LHJDTJ<梁后浇带体积>	☐	土建

图4.56

②雨篷的做法套用,选择对应工程量代码,如图4.57所示。

添加清单 添加定额 删除 项目特征 查询 换算 选择代码 编辑计算式 做法刷 做法查询 选配 提取做法

	编码	类别	项目名称	单位	工程量表达式	表达式说明	措施项目	专业
1	010405008001	项	"雨篷、阳台板1.混凝土强度等级:c25 2.混凝土拌和料要求:商品混凝土 "	m3	TJ	TJ<体积>	☐	建筑工程
2	换B4-1	补	C20混凝土非现场搅拌	m3	TJ	TJ<体积>	☐	土建
3	020301001002	项	"雨篷、挑檐抹灰1.5厚1:2.5水泥砂浆 2.5厚的1:3水泥砂浆 3.部位：雨篷、飘窗板、挑檐 "	m2	YPDIMZXMJ+YPCMZXMJ+LBWBXCD*0.2	YPDIMZXMJ<雨篷底面装修面积>+YPCMZXMJ<雨篷侧面装修面积>+LBWBXCD<栏板外边线长度>*0.2	☐	装饰装修工程
4	10-660	定	雨篷、挑檐抹灰 水泥砂浆 厚5+5mm	m2	YPDIMZXMJ+YPCMZXMJ+LBWBXCD*0.2	YPDIMZXMJ<雨篷底面装修面积>+YPCMZXMJ<雨篷侧面装修面积>+LBWBXCD<栏板外边线长度>*0.2	☐	土建
5	020506001001	项	"抹灰面油漆1.清理抹灰基层 2.刷乳胶漆漆一度 3. 满刮腻子二道 4.乳胶漆两遍 "	m2	YPDIMZXMJ+YPCMZXMJ+LBWBXCD*0.2	YPDIMZXMJ<雨篷底面装修面积>+YPCMZXMJ<雨篷侧面装修面积>+LBWBXCD<栏板外边线长度>*0.2	☐	装饰装修工程
6	10-1331	定	抹灰面油漆 乳胶漆抹灰面二遍	m2	YPDIMZXMJ+YPCMZXMJ+LBWBXCD*0.2	YPDIMZXMJ<雨篷底面装修面积>+YPCMZXMJ<雨篷侧面装修面积>+LBWBXCD<栏板外边线长度>*0.2	☐	土建

图4.57

5)后浇带画法讲解

(1)直线绘制后浇带

首先根据图纸尺寸做好辅助轴线,单击“直线”,左键单击后浇带的起点与终点即可绘制后浇带,如图4.58所示。

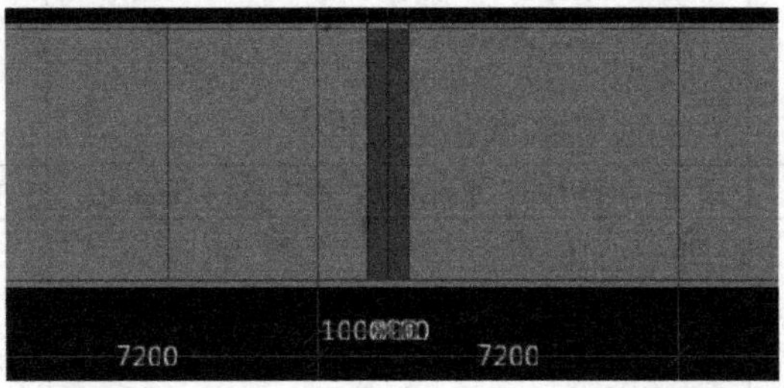

图4.58

(2)直线绘制雨篷

首先根据图纸尺寸做好辅助轴线,用“Shift + 左键”的方法绘制雨篷,如图4.59所示。

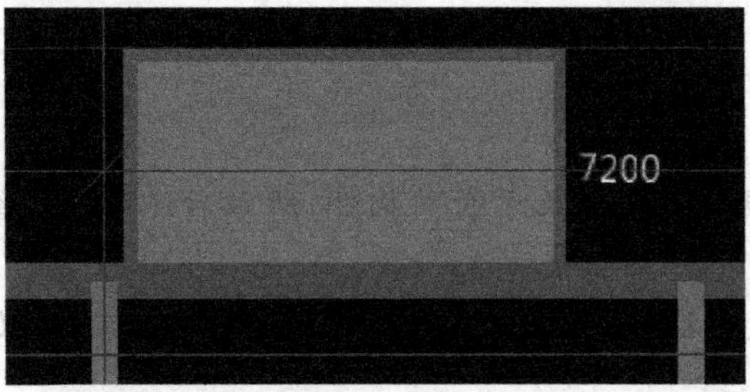

图4.59

工程实战

(1)用直线或矩形绘制法绘制Ⓒ轴与Ⓔ轴间的后浇带。

(2)汇总后浇带、雨篷的工程量。

设置报表范围时,只选择后浇带、雨篷,它们的实体工程量如表4.31所示。请读者与自己的结果进行核对,如果不同,请找出原因并进行修改。

表4.31　后浇带、雨篷清单定额量

序号	编码	项目名称	单位	工程量
1	010405008001	雨篷、阳台板 1.混凝土强度等级:C25 2.混凝土拌和料要求:商品混凝土	m^3	0.8278
	换 B4-1	C20 混凝土非现场搅拌	m^3	0.8278
2	010408001001	后浇带 1.混凝土强度等级:C35 2.混凝土拌和料要求:商品混凝土 3.部位:100mm 以内有梁板	m^3	0.806
	换 B4-1	C20 混凝土非现场搅拌	m^3	0.806
3	010408001002	后浇带 1.混凝土强度等级:C35 2.混凝土拌和料要求:商品混凝土 3.部位:100mm 以上有梁板	m^3	1.3804
	换 B4-1	C20 混凝土非现场搅拌	m^3	1.3804
4	020301001002	雨篷、挑檐抹灰 1.5 厚 1:2.5 水泥砂浆 2.5 厚的 1:3水泥砂浆 3.部位:雨篷、飘窗板、挑檐	m^2	6.8775
	10-660	雨篷、挑檐抹灰 水泥砂浆 厚 5mm + 5mm	$100m^2$	0.0688
5	020506001001	抹灰面油漆 1.清理抹灰基层 2.刷乳胶漆漆一度 3.满刮腻子两道 4.刷乳胶漆两遍	m^2	6.8775
	10-1331	抹灰面油漆 乳胶漆抹灰面两遍	$100m^2$	0.0688

知识拓展

(1)后浇带既属于线性构件也属于面式构件,所以后浇带直线绘制的方法与线性构件一样。

(2)上述雨篷反檐是用栏板定义绘制的,如果不用栏板,用梁定义绘制也可以,工程量并入雨篷相应子目。

4.9　台阶、散水的工程量计算

通过本节学习,你将能够:

(1)依据定额和清单分析首层台阶、散水的工程量计算规则;

(2)定义台阶、散水的属性；
(3)绘制台阶、散水；
(4)统计台阶、散水工程量。

1)分析图纸

结合建施-3，可以从平面图中得到台阶、散水的信息。本层台阶和散水的截面尺寸如下：
台阶：踏步宽度为 300mm，踏步个数为 3，顶标高为首层层底标高。
散水：宽度为 900mm，沿建筑物周围布置。

2)清单、定额计算规则学习

(1)清单计算规则学习

台阶、散水清单计算规则如表 4.32 所示。

表 4.32　台阶、散水清单计算规则

编号	项目名称	单位	计算规则	备注
020102001	石材楼地面	m^2	按设计图示尺寸以面积计算	
020108001	石材台阶面	m^2	台阶装饰按设计图示尺寸以台阶(包括上层踏步边沿加 300mm)水平投影面积计算	
010407002	散水	m^2	散水、防滑坡道按图示尺寸以水平投影面积计算(不包括翼墙、花池等)	

(2)定额计算规则学习

台阶、散水定额计算规则如表 4.33 所示。

表 4.33　台阶、散水定额计算规则

编号	项目名称	单位	计算规则	备注
1-21	原土打夯	m^2	按图示尺寸以垫层底面积计算	
1-28	地面垫层 3:7 灰土	m^3	按设计图示尺寸以体积计算	
B4-1	地面垫层 混凝土	m^3	按设计图示尺寸以体积计算	
10-37	花岗岩楼地面	m^2	按设计图示尺寸以面积计算	
B4-1	台阶	m^2	台阶按设计图示尺寸以水平投影面积计算，如台阶与平台连接时，其分界线应以最上层踏步外沿加 30cm 计算	
10-47	台阶面层 花岗岩	m^2	台阶装饰按设计图示尺寸以台阶(包括上层踏步边沿加 300mm)水平投影面积计算	
B4-1	散水、坡道混凝土垫层	m^3	按设计图示尺寸以体积计算	
8-27	散水 混凝土面一次抹光	m^2	散水、防滑坡道按图示尺寸以水平投影面积计算(不包括翼墙、花池等)	

3)属性定义

(1)台阶的属性定义

在模块导航栏中单击“其他”→“台阶”,在构件列表中单击“新建”→“新建台阶”,新建台阶1,根据图纸中台阶的尺寸标注,在属性编辑框中输入相应的属性值,如图4.60所示。

(2)散水的属性定义

在模块导航栏中单击“其他”→“散水”,在构件列表中单击“新建”→“新建散水”,新建散水1,根据图纸中散水的尺寸标注,在属性编辑框中输入相应的属性值,如图4.61所示。

属性编辑框

属性名称	属性值	附加
名称	台阶1	
材质	现浇混凝	☐
砼类型	(现浇砾石	☐
砼标号	(C25)	☐
顶标高(m)	层底标高	☐
台阶高度(mm)	450	☐
踏步个数	3	☐
踏步高度(mm)	150	☐
备注		☐

图4.60

属性编辑框

属性名称	属性值	附加
名称	散水1	
材质	现浇混凝	☐
砼类型	(现浇砾石	☐
砼标号	(C25)	☐
备注		☐

图4.61

4)做法套用

台阶、散水的做法套用与其他构件有所不同。

①台阶分踏步和平台,分别套用对应子目,如图4.62所示。

	编码	类别	项目名称	单位	工程量表达式	表达式说明	措施项目	专业
1	020108001001	项	"石材台阶面1.20~25厚石质花岗岩踏步及踢脚板,水泥浆擦缝 2.30厚1:4干硬性水泥砂浆 3.素水泥浆结合层一遍 4.砼台阶 5.300厚3:7灰土 6.素土夯实 "	m2	TBKLMCMJ	TBKLMCMJ<踏步块料面层面积>	☐	装饰装修工程
2	10-47	定	台阶面层 花岗岩	m2	TBSPTYMJ	TBSPTYMJ<踏步水平投影面积>	☐	土建
3	换B4-1	补	C20混凝土非现场搅拌	m2	TBSPTYMJ	TBSPTYMJ<踏步水平投影面积>	☐	
4	1-28	定	回填夯实3:7灰土	m3	TBSPTYMJ*0.3	TBSPTYMJ<踏步水平投影面积>*0.3	☐	土建
5	1-21	定	原土夯实	m2	TBSPTYMJ	TBSPTYMJ<踏步水平投影面积>	☐	土建
6	020102001002	项	"石材楼地面(台阶平台)1.20~25厚花岗岩,水泥浆擦缝 2.30厚1:4干硬性水泥砂浆 3.素水泥浆结合层一遍 4.60厚C15混凝土垫层 5.300厚3:7灰土 6.素土夯实 7.部位:台阶平台 "	m2	PTSPTYMJ	PTSPTYMJ<平台水平投影面积>	☐	装饰装修工程
7	10-37	定	天然石材 花岗岩楼地面	m2	PTSPTYMJ	PTSPTYMJ<平台水平投影面积>	☐	土建
8	换B4-1	补	地面垫层 混凝土	m2	PTSPTYMJ	PTSPTYMJ<平台水平投影面积>	☐	
9	1-28	定	回填夯实3:7灰土	m3	PTSPTYMJ*0.3	PTSPTYMJ<平台水平投影面积>*0.3	☐	土建
10	1-21	定	原土夯实	m2	PTSPTYMJ	PTSPTYMJ<平台水平投影面积>	☐	土建

图4.62

②散水的做法套用,如图4.63所示。

	编码	类别	项目名称	单位	工程量表达式	表达式说明	措施项目	专业
1	010407002001	项	散水1.60厚C15混凝土，面上加5厚1：1水泥砂浆随打随抹光 2.150厚3：7灰土 3.素土夯实，向外坡4%	m2	MJ	MJ<面积>	☐	建筑工程
2	8-27	定	砼散水面层一次抹光	m2	MJ	MJ<面积>	☐	土建
3	1-28	定	回填夯实3:7灰土	m3	MJ*0.15	MJ<面积>*0.15	☐	土建
4	1-21	定	原土夯实	m2	MJ	MJ<面积>	☐	土建

图 4.63

5)台阶、散水画法讲解

(1)直线绘制台阶

台阶属于面式构件,因此可以直线绘制,也可以点绘制,这里用直线绘制法。首先做好辅助轴线,然后选择“直线”,单击交点形成闭合区域即可绘制台阶,如图 4.64 所示。

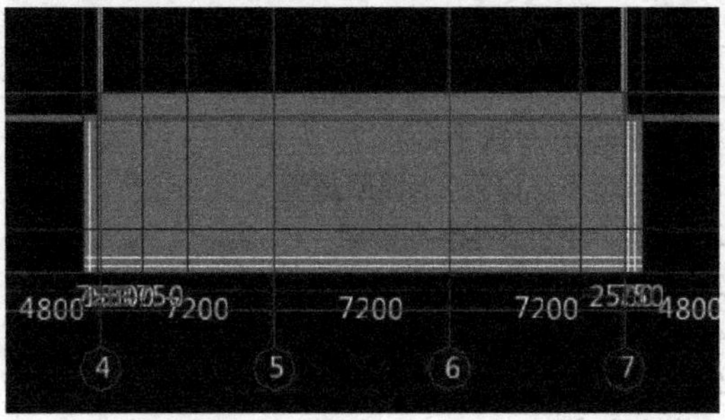

图 4.64

(2)智能布置散水

散水同样属于面式构件,因此可以直线绘制,也可以点绘制,这里用智能布置法。先在④轴与⑦轴间绘制一道虚墙,与外墙平齐形成封闭区域,单击“智能布置”→“外墙外边线”,在弹出的对话框中输入“900”,单击“确定”即可,与台阶相交部分软件会自动扣减。注意坡道处是没有散水的,可以用分割的方法进行处理。绘制完的散水如图 4.65 所示。

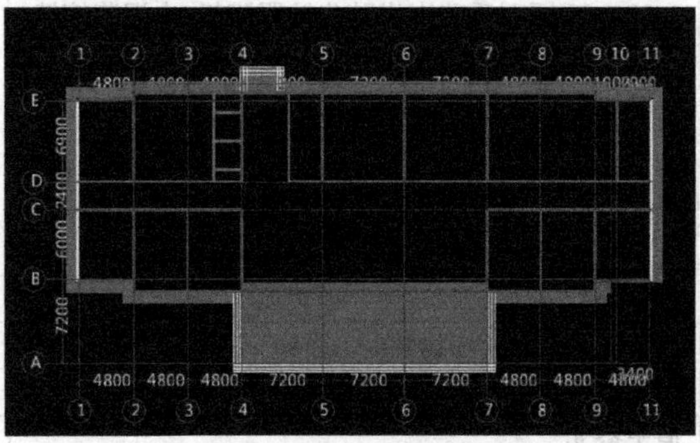

图 4.65

工程实战

(1)根据上述台阶与散水的定义方式,重新定义本层的台阶与散水。

(2)练习用矩形绘制台阶,用直线或矩形的方式绘制散水。

(3)汇总台阶、散水工程量。

设置报表范围时,只选择台阶、散水,它们的实体工程量如表4.34所示。请读者与自己的结果进行核对,如果不同,请找出原因并进行修改。

表4.34 台阶、散水清单定额量

序号	编码	项目名称	单位	工程量
1	010407002001	散水 1.60厚C15混凝土,面上加5厚1:1水泥砂浆随打随抹光 2.150厚3:7灰土 3.素土夯实,向外坡4%	m^2	97.7394
	8-27	混凝土散水面层一次抹光	$100m^2$	0.9774
	1-28	回填夯实3:7灰土	$100m^3$	0.1466
	1-21	原土夯实	$100m^2$	0.9774
2	020102001002	石材楼地面(台阶平台) 1.20~25厚花岗岩,水泥浆擦缝 2.30厚1:4干硬性水泥砂浆 3.素水泥浆结合层一遍 4.60厚C15混凝土垫层 5.300厚3:7灰土 6.素土夯实 7.部位:台阶平台	m^2	146.3313
	10-37	天然石材 花岗岩楼地面	$100m^2$	1.4633
	换B4-1	地面垫层 混凝土	m^2	146.3313
	1-28	回填夯实3:7灰土	$100m^3$	0.439
	1-21	原土夯实	$100m^2$	1.4633
3	020108001001	石材台阶面 1.20~25厚石质花岗岩踏步及踢脚板,水泥浆擦缝 2.30厚1:4干硬性水泥砂浆 3.素水泥浆结合层一遍 4.混凝土台阶 5.300厚3:7灰土 6.素土夯实	m^2	37.0863
	10-47	台阶面层 花岗岩	$100m^2$	0.3709
	换B4-1	C20混凝土非现场搅拌	m^2	37.0863
	1-28	回填夯实3:7灰土	$100m^3$	0.1113
	1-21	原土夯实	$100m^2$	0.3709

知识拓展

(1)台阶绘制后,还要根据实际图纸设置台阶起始边。

(2)台阶属性定义只给出台阶的顶标高。

(3)如果在封闭区域,台阶也可以使用点式绘制。

(4)软件中台阶平台的默认计算规则是包括最上层踏步边沿外加300mm的,而台阶也是包括的,这样就重复计算了两次,因此需要手动修改计算规则,如图4.66所示。

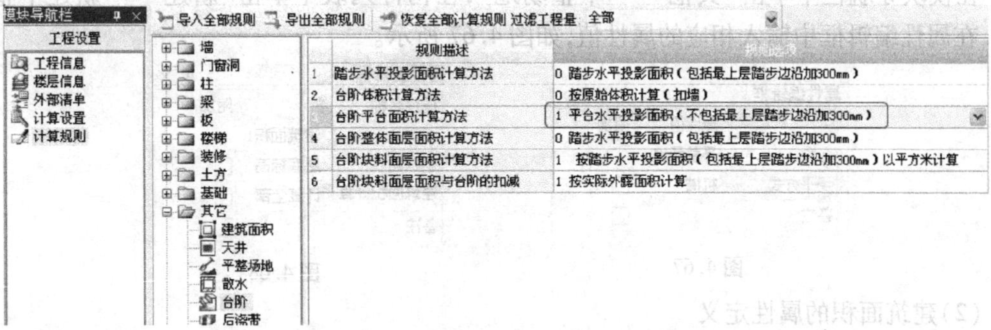

图4.66

4.10 平整场地、建筑面积的工程量计算

通过本节学习,你将能够:

(1)依据定额和清单分析平整场地、建筑面积的工程量计算规则;

(2)定义平整场地、建筑面积的属性及做法套用;

(3)绘制平整场地、建筑面积;

(4)统计平整场地、建筑面积工程量。

1)分析图纸

分析首层平面图可知,本层建筑面积分为楼层建筑面积和雨篷建筑面积两部分。建筑面积与措施项目费用有关,在计价软件中处理,此处不套用清单。

2)清单、定额计算规则学习

(1)清单计算规则学习

平整场地清单计算规则如表4.35所示。

表4.35 平整场地清单计算规则

编号	项目名称	单位	计算规则	备注
010101001	平整场地	m^2	按设计图示尺寸以建筑物首层面积计算	

(2)定额计算规则学习

平整场地定额计算规则如表4.36所示。

表4.36 平整场地定额计算规则

编号	项目名称	单位	计算规则	备注
1-19	平整场地	m^2	按设计图示尺寸以建筑物首层面积计算	

3）属性定义

（1）平整场地的属性定义

在模块导航栏中单击“其他”→“平整场地”，在构件列表中单击“新建”→“新建平整场地”，在属性编辑框中输入相应的属性值，如图 4.67 所示。

属性编辑框

属性名称	属性值	附加
名称	平整场地	
场平方式	机械	☐
备注		☐

图 4.67

属性编辑框

属性名称	属性值	附加
名称	建筑面积1	
底标高(m)	层底标高	☐
建筑面积计算	计算全部	☐
备注		☐

图 4.68

（2）建筑面积的属性定义

在模块导航栏中单击“其他”→“建筑面积”，在构件列表中单击“新建”→“新建建筑面积”，在属性编辑框中输入相应的属性值，注意在“建筑面积计算”中请根据实际情况选择计算全部还是一半，如图 4.68 所示。

4）做法套用

平整场地的做法套用，如图 4.69 所示。

	编码	类别	项目名称	单位	工程量表达式	表达式说明	措施项目	专业
1	010101001001	项	"平整场地1. 土壤类别：一般土 2. 工作内容：标高在±300mm以内的挖填找平"	m2	MJ	MJ<面积>	☐	建筑工程
2	1-19	定	平整场地	m2	MJ	MJ<面积>	☐	土建

图 4.69

5）画法讲解

（1）平整场地绘制

平整场地属于面式构件，可以点画，也可以直线绘制。下面以点画为例，将所绘制区域用外虚墙封闭，在绘制区域内单击左键即可。坡道处存在挖土方，同样需要平整场地，如图4.70所示。另外，建筑面积在地上的每一层都有，在绘制其他楼层时需要注意绘制建筑面积。

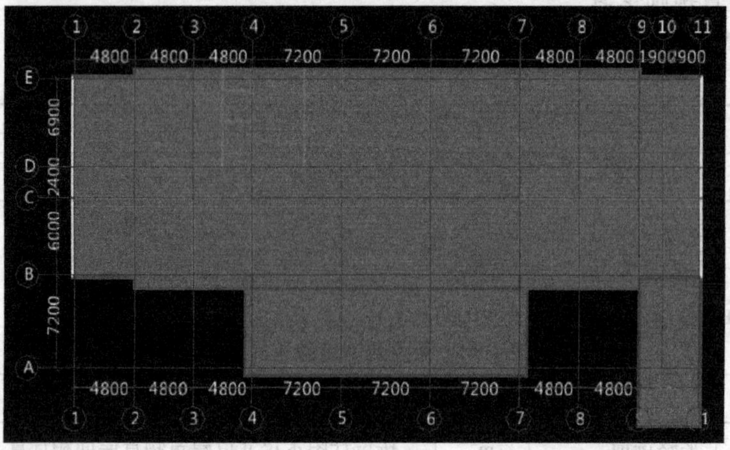

图 4.70

(2)建筑面积绘制

建筑面积绘制同平整场地，门厅处按1/2计算，绘制结果如图4.71所示。

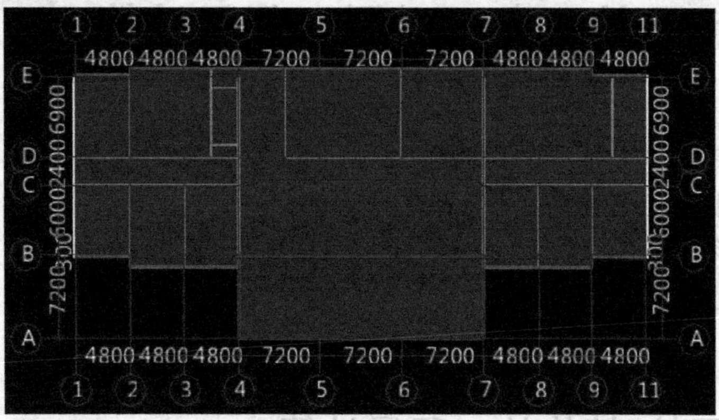

图4.71

工程实战

(1)用上述方法重新定义平整场地与建筑面积。

(2)分别用矩形、智能布置重新绘制平整场地与建筑面积。

(3)汇总平整场地工程量。

设置报表范围时，只选择平整场地，其实体工程量如表4.37所示。请读者与自己的结果进行核对，如果不同，请找出原因并进行修改。

表4.37 平整场地清单定额量

序号	编码	项目名称	单位	工程量
1	010101001001	平整场地 1. 土壤类别：一般土 2. 工作内容：标高在±300mm以内的挖填找平	m^2	1085.7169
	1-19	平整场地	$100m^2$	10.8572

知识拓展

当一层建筑面积计算规则不一样时，有几个区域就要建立几个建筑面积属性，可利用虚墙的方法分别进行绘制。

第5章　二层工程量计算

通过本章学习,你将能够:
(1)掌握层间复制图元的两种方法;
(2)绘制弧形线性图元;
(3)定义参数化飘窗。

5.1　二层柱、墙体的工程量计算

通过本节学习,你将能够:
(1)掌握图元层间复制的两种方法;
(2)统计本层柱、墙体的工程量。

1)分析图纸

(1)分析框架柱

分析结施-5,二层框架柱和首层框架柱相比,截面尺寸、混凝土标号没有差别,不同的是二层没有KZ4和KZ5。

(2)分析剪力墙

分析结施-5,二层的剪力墙和一层的相比截面尺寸、混凝土标号没有差别,唯一不同的是标高发生了变化。二层的暗梁、连梁、暗柱和首层相比没有差别,暗梁、连梁、暗柱为剪力墙的一部分。

(3)分析砌块墙

分析建施-3、建施-4,二层砌体与一层的基本相同。屋面的位置有240厚的女儿墙。女儿墙将在后续章节中进行详细讲解,这里不做介绍。

2)画法讲解

(1)复制选定图元到其他楼层

在首层,选择"楼层"→"复制选定图元到其他楼层",框选需要复制的墙体,右键弹出"复制选定图元到其他楼层"对话框,勾选"选2层",单击"确定"按钮,弹出提示框"图元复制成功",如图5.1至图5.3所示。

(2)删除多余墙体

选择"第2层",选中②轴/Ⓓ~Ⓔ轴的框架间墙,单击右键选择"删除",弹出确认对话框"是否删除当前选中的图元",选择"是",删除完成,如图5.4、图5.5所示。

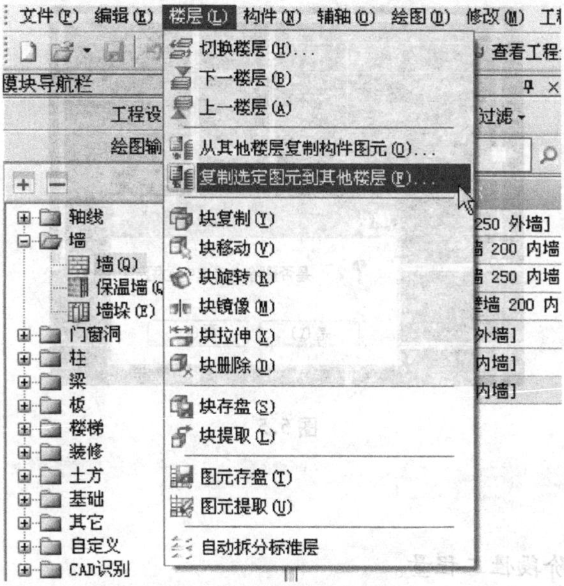

图 5.1

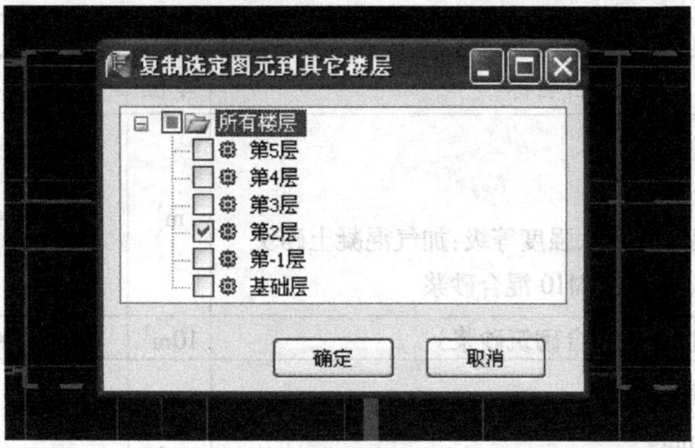

图 5.2

图 5.3

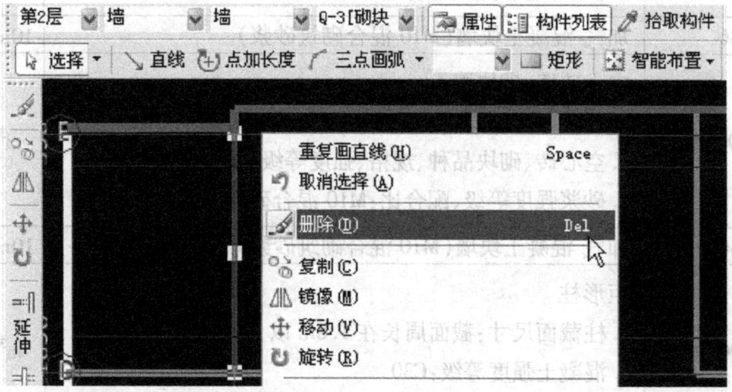

图 5.4

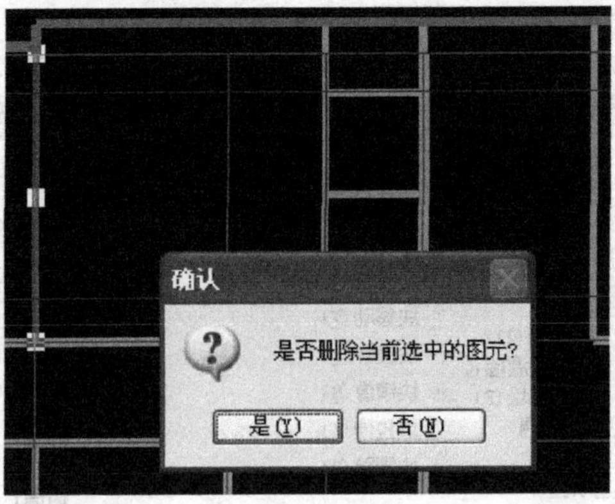

图5.5

工程实战

汇总二层柱、墙的阶段性工程量。

设置报表范围时，只选择二层的墙、柱，它们的实体工程量如表5.1所示。请读者与自己的结果进行核对，如果不同，请找出原因并进行修改。

表5.1　二层柱、墙清单定额量

序号	编码	项目名称	单位	工程量
1	010304001001	空心砖墙、砌块墙 1. 墙体厚度:200mm 2. 空心砖、砌块品种、规格、强度等级:加气混凝土砌块 3. 砂浆强度等级、配合比:M10 混合砂浆	m^3	104.142
	3-46	加气 混凝土块墙(M10 混合砌筑砂浆)	$10m^3$	10.4142
2	010304001002	空心砖墙、砌块墙 1. 墙体厚度:250mm 2. 空心砖、砌块品种、规格、强度等级:加气混凝土砌块 3. 砂浆强度等级、配合比:M10 混合砂浆	m^3	79.4101
	3-46	加气 混凝土块墙(M10 混合砌筑砂浆)	$10m^3$	7.941
3	010304001005	空心砖墙、砌块墙 1. 墙体厚度:100mm 2. 空心砖、砌块品种、规格、强度等级:加气混凝土砌块 3. 砂浆强度等级、配合比:M10 混合砂浆	m^3	2.3205
	3-46	加气 混凝土块墙(M10 混合砌筑砂浆)	$10m^3$	0.2321
4	010402001002	矩形柱 1. 柱截面尺寸:截面周长在1.8m 以上 2. 混凝土强度等级:C30 3. 混凝土拌和料要求:商品混凝土	m^3	53.352
	换 B4-1	C20 混凝土非现场搅拌	m^3	53.352

续表

序号	编码	项目名称	单位	工程量
5	010402001006	矩形柱 1. 柱截面尺寸:截面周长在 1.2m 以内 2. 混凝土强度等级:C30 3. 混凝土拌和料要求:商品混凝土 4. 部位:楼梯间	m^3	0.495
	换 B4-1	C20 混凝土非现场搅拌	m^3	0.495
6	010402002003	圆柱 1. 柱直径:0.5m 以上 2. 混凝土强度等级:C30 3. 混凝土拌和料要求:商品混凝土	m^3	4.4261
	换 B4-1	C20 混凝土非现场搅拌	m^3	4.4261
7	010404001005	直形墙 1. 部位:电梯井壁 2. 墙厚度:200mm 以内 3. 混凝土强度等级:C30 4. 混凝土拌和料要求:商品混凝土	m^3	9.282
	换 B4-1	C20 混凝土非现场搅拌	m^3	9.282
8	010404001006	直形墙 1. 部位:电梯井壁 2. 墙厚度:300mm 以内 3. 混凝土强度等级:C30 4. 混凝土拌和料要求:商品混凝土	m^3	4.7775
	换 B4-1	C20 混凝土非现场搅拌	m^3	4.7775
9	010404001008	直形墙 1. 墙厚度:300mm 以内 2. 混凝土强度等级:C30 3. 混凝土拌和料要求:商品混凝土	m^3	45.0563
	换 B4-1	C20 混凝土非现场搅拌	m^3	45.0563

知识拓展

(1)从其他楼层复制构件图元。如图 5.1 所示,应用“复制选定图元到其他楼层”的功能进行墙体复制时,可以看到“复制选定图元到其他楼层”的上面有“从其他楼层复制构件图元”的功能,同样可以应用此功能对构件进行层间复制,如图 5.6 所示。

(2)选择“第 2 层”,单击“楼层”→“从其他楼层复制构件图元”,弹出如图 5.6 所示对话框,在“源楼层选择”中选择“首层”,然后在“图元选择”中选择所有的墙体构件,“目标楼层选择”中勾选“第 2 层”,然后单击“确定”按钮,弹出如图 5.7 所示“同位置图元/同名构件处理

图 5.6

方式"对话框,因为刚才已经通过"复制选定图元到其他楼层"复制了墙体,在二层已经存在墙图元,所以按照如图 5.7 所示选择即可,单击"确定"按钮后弹出"图元复制成功"提示框。

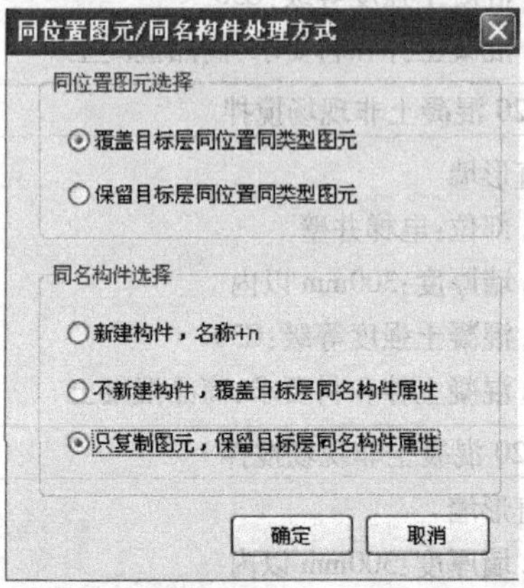

图 5.7

5.2　二层梁、板的工程量计算

通过本节学习,你将能够:

(1)掌握"修改构件图元名称"修改图元的方法;

(2)掌握三点画弧绘制弧形图元;

(3)统计本层梁、板工程量。

1)分析图纸

(1)分析梁

分析结施-8、结施-9,可得出二层梁与首层梁的差别,如表 5.2 所示。

表5.2　二层与首层梁差异

序号	名称	截面尺寸(mm)	位置	备注
1	L1	250×500	Ⓑ轴向下	弧形梁
2	L3	250×500	Ⓔ轴向上 725mm	L12 变为 L3
3	L4	250×400	电梯处	截面 200×400 变为 250×400
4	KL5	250×500	③轴、⑧轴上	KL6 变为 KL5
5	KL6	250×500	⑤轴、⑥轴上	增加
6	L12	250×500	④~⑦轴间	增加
7	XL1	250×500	Ⓑ轴/④轴、⑦轴	增加
8	KL7	250×500	Ⓔ轴/⑨~⑩轴	KL8a 变为 KL7

(2)分析板

分析结施-12 与结施-13,通过对比首层和二层的板厚、位置等,可以知道二层在Ⓑ~Ⓒ/④~⑦轴区域内与首层不一样,Ⓑ轴向下为弧形板。

(3)分析后浇带

二层后浇带的长度发生了变化。

2)做法套用

弧形梁的做法套用,如图 5.8 所示。

	编码	类别	项目名称	单位	工程量表达式	表达式说明	措施项目	专业
1	010405001003	项	"有梁板1.混凝土强度等级:c30 2.混凝土拌和料要求:商品混凝土 3.板厚 : 100mm以上 4.类型:弧形有梁板 "	m3	TJ	TJ<体积>	☐	建筑工程
2	换B4-1	补	C20混凝土非现场搅拌	m3	TJ	TJ<体积>	☐	土建

图 5.8

3)画法讲解

(1)复制首层梁到二层

运用"复制选定图元到其他楼层"复制梁图元,复制方法同 5.1 节复制墙的方法,这里不再细述。在选中图元时用左框选。注意位于Ⓑ轴向下区域的梁不进行框选,因为二层这个区域的梁和首层完全不一样,如图 5.9 所示。

(2)修改二层的梁图元

①修改 L12 变成 L3。选中要修改的图元,单击右键选择"修改构件图元名称",如图 5.10 所示,弹出"修改构件图元名称"对话框,在"目标构件"中选择"L3",如图 5.11 所示。

②修改 L4 的截面尺寸。在绘图界面选中 L4 的图元,在属性编辑框中修改宽度为"250",按"Enter"键即可。

③选中Ⓔ轴/④~⑦轴的 XL1,单击右键选择"复制",选中基准点,复制到Ⓑ轴/④~⑦轴,复制后的结果如图 5.12 所示,然后把图示方框标注的两段 XL1 延伸到Ⓑ轴上,如图 5.13 所示。

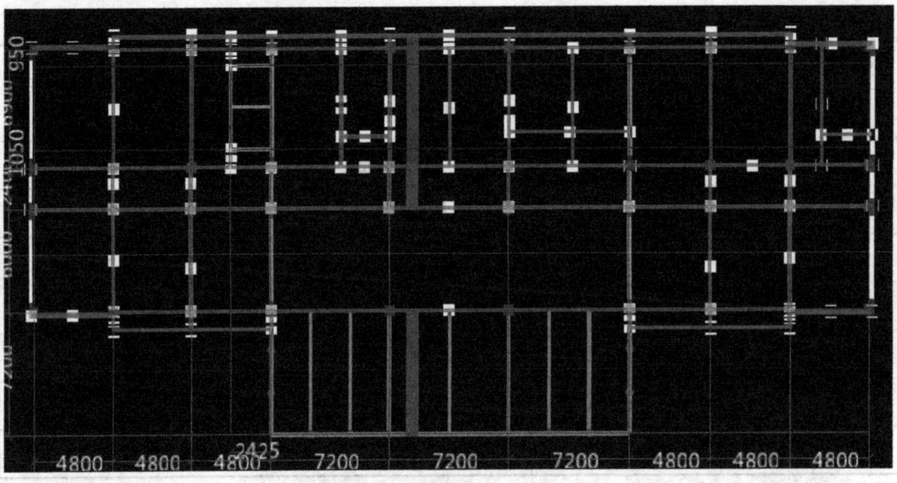

图 5.9

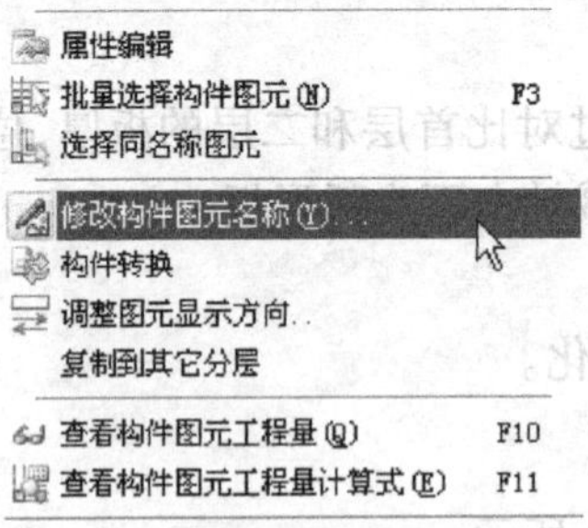

图 5.10

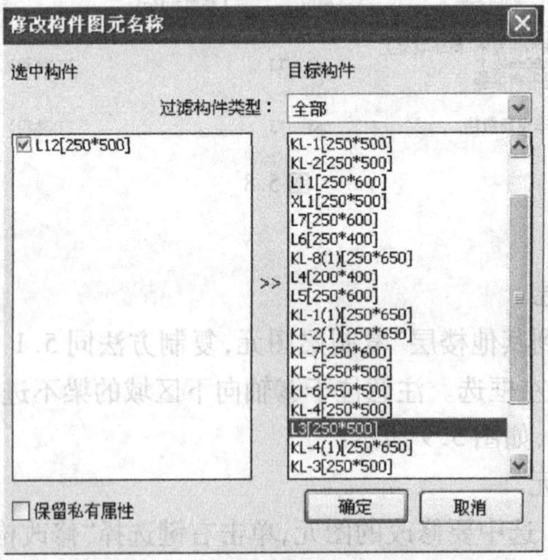

图 5.11

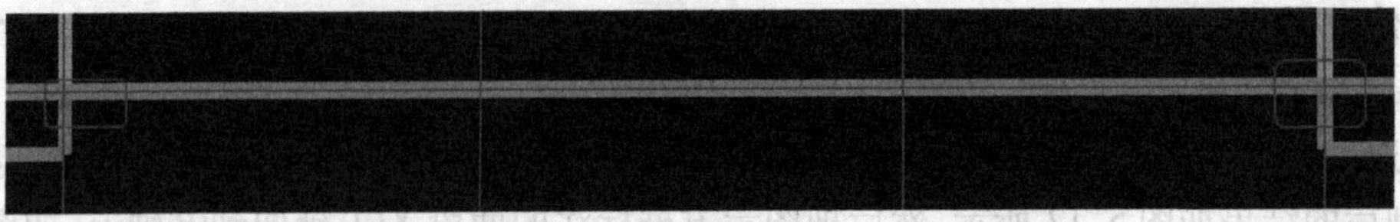

图 5.12

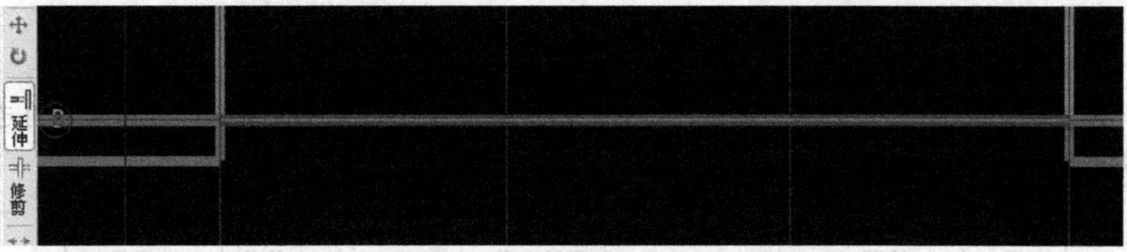

图5.13

(3)绘制弧形梁

①绘制辅助轴线。前面讲过在轴网界面建立辅助轴线,下面介绍一种更简便的建立辅助轴线的方法:在本层,单击绘图工具栏“平行”,也可以绘制辅助轴线。

②三点画弧。点开“逆小弧”旁的三角(见图5.14),选择“三点画弧”,在英文状态下按下键盘上的“Z”,把柱图元显示出来,再按下捕捉工具栏的“中点”,捕捉位于Ⓑ轴与⑤轴相交处柱端的中点,此点为起始点(见图5.15),点中第二点(如图5.16所示的两条辅助轴线的交点),选择Ⓑ轴与⑦轴相交处柱端的终点(见图5.16),单击右键结束,再单击保存。

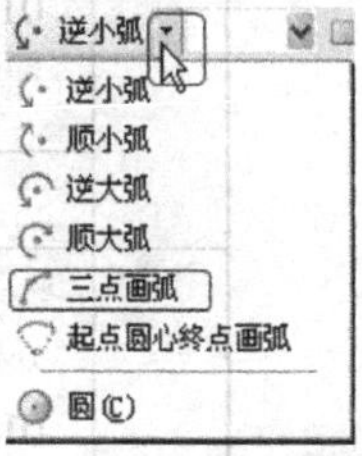

图5.14

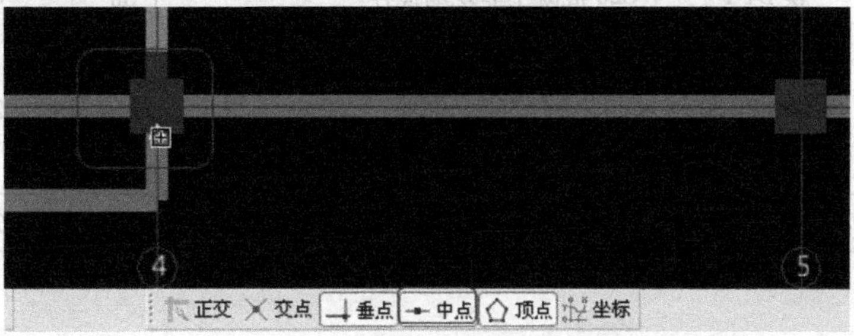

图5.15

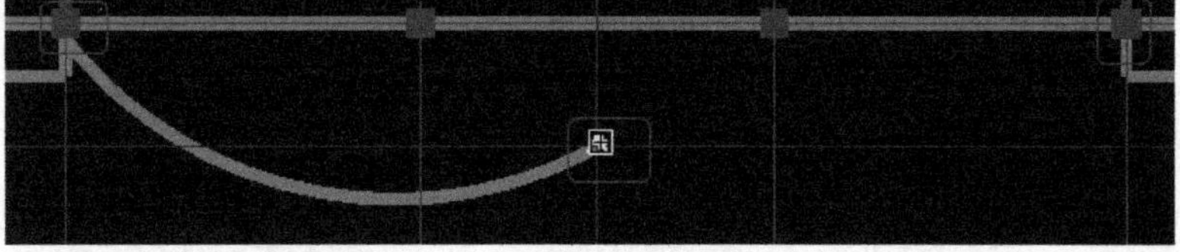

图5.16

工程实战

(1)练习。

①应用“修改构件图元名称”把③轴和⑧轴的KL6修改为KL5;

②应用“修改构件图元名称”把⑤轴和⑥轴的KL7修改为KL6,使用“延伸”将其延伸到图纸所示位置;

③利用层间复制的方法复制板图元到二层;

④利用延伸绘制后浇带;

⑤利用直线和三点画弧重新绘制LB1;

⑥完成本层梁、板的绘制并统计阶段性工程量。

(2)汇总二层梁、板的工程量。

设置报表范围时,只选择二层梁、板,它们的实体工程量如表5.3所示。请读者与自己的结果进行核对,如果不同,请找出原因并进行修改。

表5.3 二层梁、板清单定额量

序号	编码	项目名称	单位	工程量
1	010405001002	有梁板 1. 板厚度:100mm 以上 2. 混凝土强度等级:C30 3. 混凝土拌和料要求:商品混凝土	m^3	131.8427
	换 B4-1	C20 混凝土非现场搅拌	m^3	131.8427
2	010405001003	有梁板 1. 混凝土强度等级:C30 2. 混凝土拌和料要求:商品混凝土 3. 板厚:100mm 以上 4. 类型:弧形有梁板	m^3	6.0314
	换 B4-1	C20 混凝土非现场搅拌	m^3	6.0314
3	010408001002	后浇带 1. 混凝土强度等级:C35 2. 混凝土拌和料要求:商品混凝土 3. 部位:100mm 以上有梁板	m^3	2.3617
	换 B4-1	C20 混凝土非现场搅拌	m^3	2.3617

知识拓展

(1)左框选:图元完全位于框中的才能被选中。

(2)右框选:只要在框中的图元都被选中。

5.3 二层门窗的工程量计算

通过本节学习,你将能够:

(1)定义参数化飘窗;

(2)掌握移动功能;

(3)统计本层门窗工程量。

1)分析图纸

分析建施-3、建施-4,首层 LM1 的位置对应二层的两扇 LC1,首层 TLM1 的位置对应二层的 M2,首层 MQ1 的位置在二层是 MQ3,首层Ⓓ轴/① ~ ③轴的位置在二层是 M2,首层 LC3 的位置在二层是 TC1。

2)属性定义

在模块导航栏中单击“门窗洞”→“飘窗”,在构件列表中单击“新建”→“新建参数化飘窗”,弹出如图5.17所示“选择参数化图形”对话框,选择“矩形飘窗”,单击“确定”按钮后弹出如图5.18所示“编辑图形参数”对话框,根据图纸中的飘窗尺寸进行编辑后,单击“保存退出”按钮,最后在属性编辑框中填入相应的属性值,如图5.19所示。

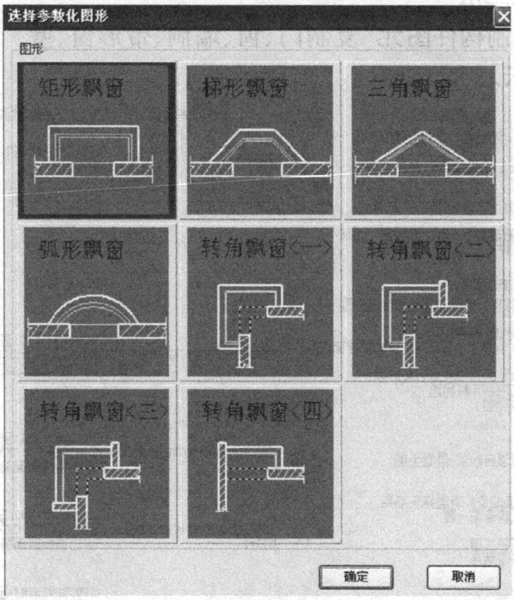

图5.17

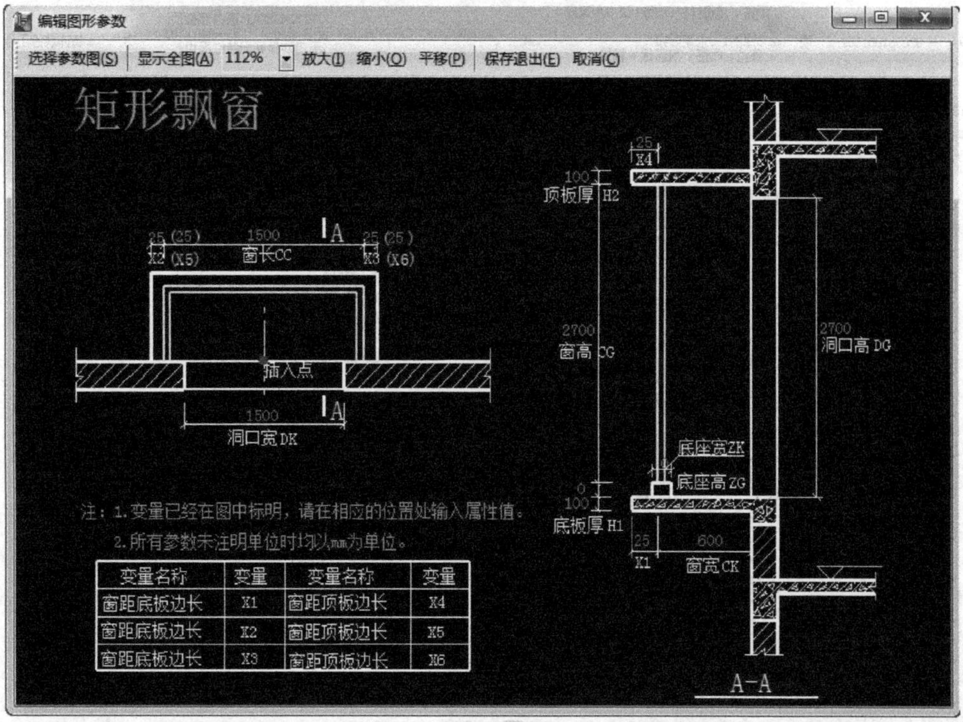

图5.18

属性编辑框		
属性名称	属性值	附加
名称	TC1	
砼标号	(C25)	☐
砼类型	(现浇砾石	☐
截面形状	矩形飘窗	☐
离地高度(mm)	700	☐
备注		☐

图 5.19

3)做法套用

分析结施-9 的节点 1、结施-12、结施-13、建施-4，TC1 是由底板、顶板、带形窗组成，其做法套用如图 5.20 所示。

4)画法讲解

(1)复制首层门窗到二层

运用“从其他楼层复制构件图元”复制门、窗、墙洞、带形窗、壁龛到二层，如图 5.21 所示。

	编码	类别	项目名称	单位	工程量表达式	表达式说明	措施项目	专业
1	010405008001	项	“雨蓬、阳台板1. 混凝土强度等级: c25 2. 混凝土拌和料要求: 商品混凝土 ”	m3	DGBTJ+DDBTJ	DGBTJ<顶板体积>+DDBTJ<底板体积>	☐	建筑工程
2	换B4-1	补	C20混凝土非现场搅拌	m3	DGBTJ+DDBTJ	DGBTJ<顶板体积>+DDBTJ<底板体积>	☐	土建
3	020406007001	项	“塑钢窗塑钢平开窗、上悬窗，含玻璃及配件 ”	m2	CMJ	CMJ<窗面积>	☐	装饰装修工程
4	10-965	定	成品窗安装塑钢平开窗	m2	CMJ	CMJ<窗面积>	☐	土建
5	020301001001	项	“天棚抹灰1. 钢筋混凝土板底面清理干净 , 刷素水泥浆一道甩毛 2. 5厚1:0.3:2.5水泥石灰膏砂浆抹面找平 3. 5厚1: 0.3: 3水泥石灰砂浆 4. 表面喷刷涂料另选 5. 涂料顶棚 ”	m2	CNDDBDMZHXMJ+CNDGBDMZHXMJ	CNDDBDMZHXMJ<窗内底板顶面装修面积>+CNDGBDMZHXMJ<窗内顶板底面装修面积>	☐	装饰装修工程
6	10-663	定	天棚抹混合砂浆 混凝土面	m2	CNDDBDMZHXMJ+CNDGBDMZHXMJ	CNDDBDMZHXMJ<窗内底板顶面装修面积>+CNDGBDMZHXMJ<窗内顶板底面装修面积>	☐	土建
7	020506001001	项	“抹灰面油漆1. 清理抹灰基层 2. 刷乳胶漆漆一度 3. 满刮腻子二道 4. 乳胶漆两遍 ”	m2	(CNDDBDMZHXMJ+CNDGBDMZHXMJ)*2	(CNDDBDMZHXMJ<窗内底板顶面装修面积>+CNDGBDMZHXMJ<窗内顶板底面装修面积>)*2	☐	装饰装修工程
8	10-1331	定	抹灰面油漆 乳胶漆抹灰面二遍	m2	(CNDDBDMZHXMJ+CNDGBDMZHXMJ)*2	(CNDDBDMZHXMJ<窗内底板顶面装修面积>+CNDGBDMZHXMJ<窗内顶板底面装修面积>)*2	☐	土建
9	020301001002	项	“雨篷、挑檐抹灰1.5厚1:2.5水泥砂浆 2. 5厚的1:3水泥砂浆 3. 部位: 雨篷、飘窗板、挑檐 ”	m2	CNDDBDMZHXMJ+CNDGBDMZHXMJ	CNDDBDMZHXMJ<窗内底板顶面装修面积>+CNDGBDMZHXMJ<窗内顶板底面装修面积>	☐	装饰装修工程
10	10-660	定	雨篷、挑檐抹灰 水泥砂浆 厚5+5mm	m2	CNDDBDMZHXMJ+CNDGBDMZHXMJ	CNDDBDMZHXMJ<窗内底板顶面装修面积>+CNDGBDMZHXMJ<窗内顶板底面装修面积>	☐	土建

图 5.20

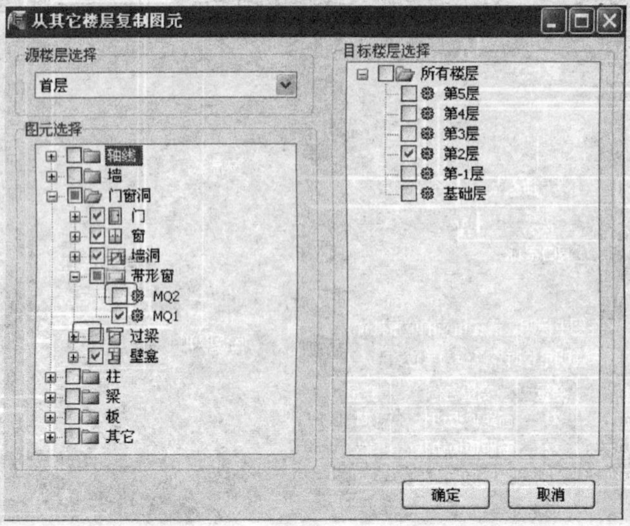

图 5.21

(2)修改二层的门、窗图元

①删除①轴上M1、TLM1;利用“修改构件图元名称”把M1修改成M2,由于M2尺寸比M1宽,M2的位置变成如图5.22所示。

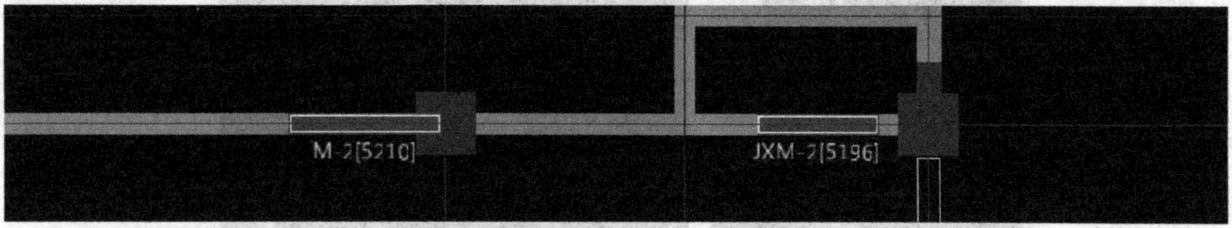

图5.22

②修改二层的门、窗,以M2为例。

a.对M2进行移动,选中M2,单击右键选择“移动”,单击图元并移动图元,如图5.23所示。

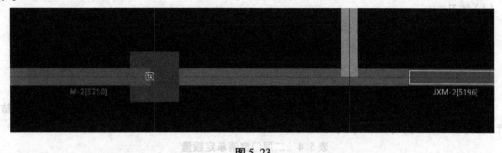

图5.23

b.将门端的中点作为基准点,单击如图5.24所示的插入点。

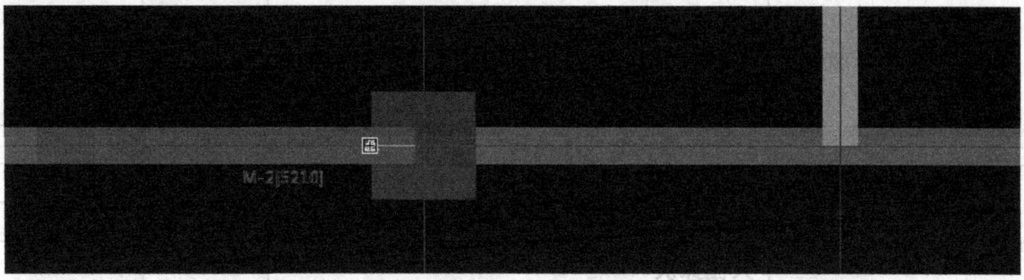

图5.24

c.移动后的M2位置,如图5.25所示。

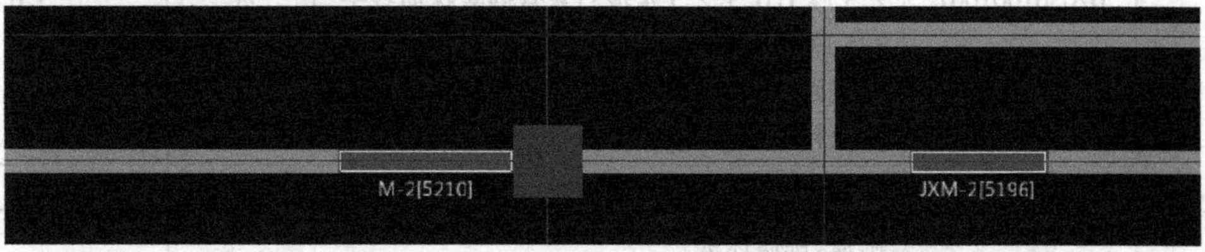

图5.25

(3)精确布置TC1

删除LC3,利用“精确布置”绘制TC1图元,绘制好的TC1如图5.26所示。

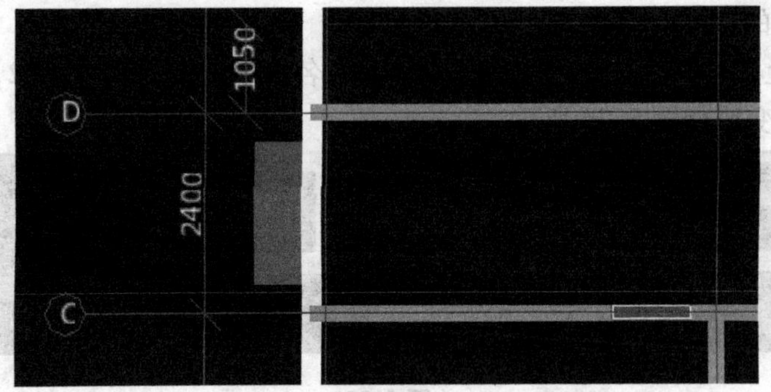

图 5.26

工程实战

(1)练习。

①应用“修改构件图元名称”把 MQ1 修改为 MQ3；

②删除 LM1，利用“精确布置”绘制 LC1；

③重复练习飘窗的属性定义及绘制。

(2)汇总二层门窗工程量。

设置报表范围时，只选择二层门窗，其实体工程量如表 5.4 所示。请读者与自己的结果进行核对，如果不同，请找出原因并进行修改。

表 5.4　二层门窗清单定额量

序号	编码	项目名称	单位	工程量
1	010405008001	雨篷、阳台板 1. 混凝土强度等级：C25 2. 混凝土拌和料要求：商品混凝土	m^3	0.3875
	换 B4-1	C20 混凝土非现场搅拌	m^3	0.3875
2	020210001001	带骨架幕墙 隐框玻璃幕墙，含骨架及配件	m^2	83.265
	10-652	铝合金玻璃幕墙 隐框	$100m^2$	0.8327
3	020301001001	天棚抹灰 1. 钢筋混凝土板底面清理干净，刷素水泥浆一道甩毛 2. 5 厚 1:0.3:2.5 水泥石灰膏砂浆抹面找平 3. 5 厚 1:0.3:3水泥石灰砂浆 4. 表面喷刷涂料另选 5. 涂料顶棚	m^2	3.6
	10-663	天棚抹混合砂浆 混凝土面	$100m^2$	0.036
4	020301001002	雨篷、挑檐抹灰 1. 5 厚 1:2.5 水泥砂浆 2. 5 厚 1:3水泥砂浆 3. 部位：雨篷、飘窗板、挑檐	m^2	3.6
	10-660	雨篷、挑檐抹灰 水泥砂浆 厚 5mm + 5mm	$100m^2$	0.036

续表

序号	编码	项目名称	单位	工程量
5	020401003001	实木装饰门 1.部位:M1,M2 2.类型:实木成品豪华装饰门(带框),含五金	m^2	26.25
	7-24	木门框(有亮)安装	$100m^2$	0.2625
6	020401006001	木质防火门 成品木质丙级防火门,含五金	m^2	5.9
	10-973	成品木质防火门安装	$100m^2$	0.059
7	020402007002	钢质防火门 成品钢质乙级防火门,含五金	m^2	5.04
	10-972	成品门安装钢防火门	$100m^2$	0.0504
8	020406007001	塑钢窗 塑钢平开窗、上悬窗,含玻璃及配件	m^2	121.5
	10-965	成品窗安装塑钢平开窗	$100m^2$	1.215
9	020406007002	塑钢窗 塑钢纱扇,含配件	m^2	106.92
	10-967	成品窗安装塑钢纱窗扇	$100m^2$	1.0692
10	020506001001	抹灰面油漆 1.清理抹灰基层 2.刷乳胶漆漆一度 3.满刮腻子两道 4.刷乳胶漆两遍	m^2	7.2
	10-1331	抹灰面油漆 乳胶漆抹灰面两遍	$100m^2$	0.072

知识拓展

组合构件

灵活利用软件中的构件去组合图纸上复杂的构件,这里以组合飘窗为例,讲解组合构件的操作步骤。飘窗由底板、顶板、带形窗、墙洞组成。

(1)飘窗底板

①新建飘窗底板,如图5.27所示。

②通过复制建立飘窗顶板,如图5.28所示。

属性编辑框

属性名称	属性值	附加
名称	飘窗底板	
类别	平板	☐
厚度(mm)	100	☐
砼类型	(现浇砾石混	☐
砼标号	(C30)	☐
顶标高(m)	层底标高+0.7	☐
是否是楼板	否	☐
备注		☐

图 5.27

属性编辑框

属性名称	属性值	附加
名称	飘窗顶板	
类别	平板	☐
厚度(mm)	100	☐
砼类型	(现浇砾石混	☐
砼标号	(C30)	☐
顶标高(m)	层底标高+3.5	☐
是否是楼板	否	☐
备注		☐

图 5.28

(2)新建飘窗、墙洞

①新建飘窗,如图 5.29 所示。

②新建飘窗墙洞,如图 5.30 所示。

属性编辑框

属性名称	属性值	附加
名称	飘窗	
框厚(mm)	0	☐
起点顶标高(m)	层底标高+3.4	☐
起点底标高(m)	层底标高+0.7	☐
终点顶标高(m)	层底标高+3.4	☐
终点底标高(m)	层底标高+0.7	☐
轴线距左边线	(0)	☐
备注		☐

图 5.29

属性编辑框

属性名称	属性值	附加
名称	飘窗墙洞	
洞口宽度(mm)	1500	☐
洞口高度(mm)	2700	☐
洞口面积(m2)	4.05	☐
离地高度(mm)	700	☐
备注		☐

图 5.30

(3)绘制底板、顶板、带形窗、墙洞

绘制完飘窗底板,在同一位置绘制飘窗顶板,图元标高不相同,可以在同一位置进行绘制,也可分层画。绘制带形窗时,需要在外墙外边线的地方把带形窗打断(见图 5.31),对带形窗进行偏移(见图 5.32),接着绘制飘窗墙洞。

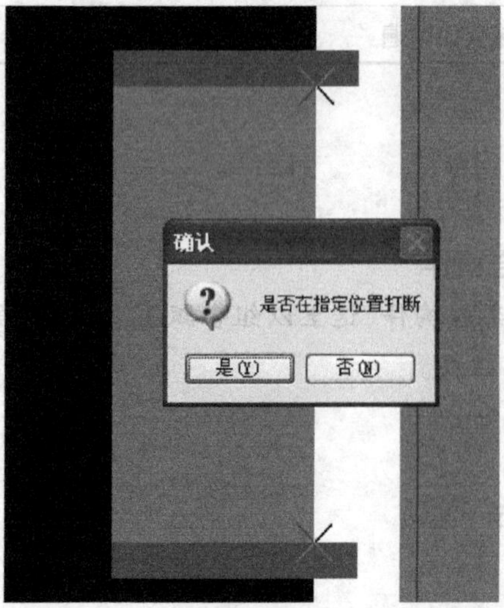

图 5.31

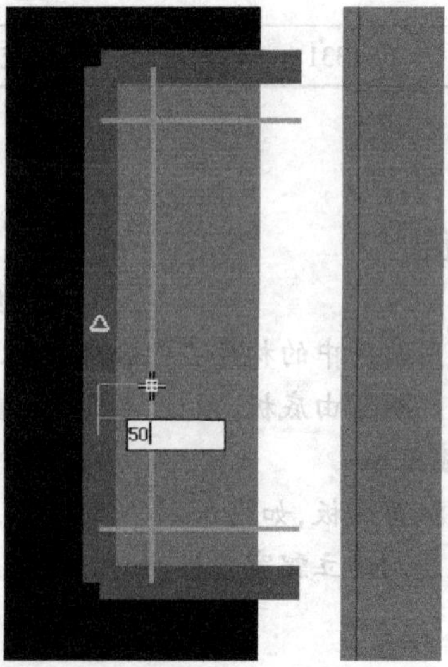

图 5.32

(4)组合构件

进行右框选(见图 5.33),弹出"新建组合构件"对话框(见图 5.34),查看是否有多余或缺少的构件,单击右键确定,组合构件完成。

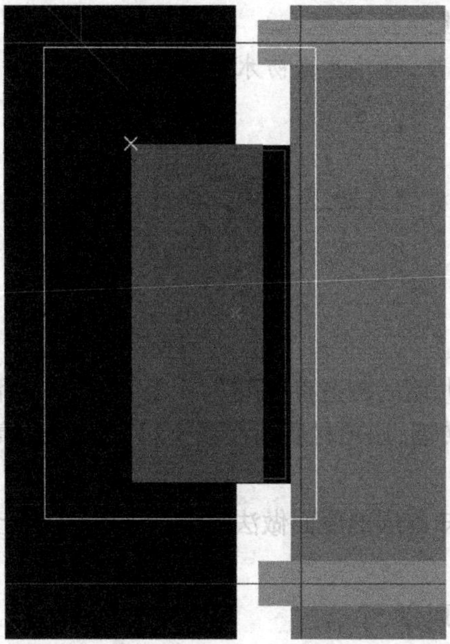

图 5.33

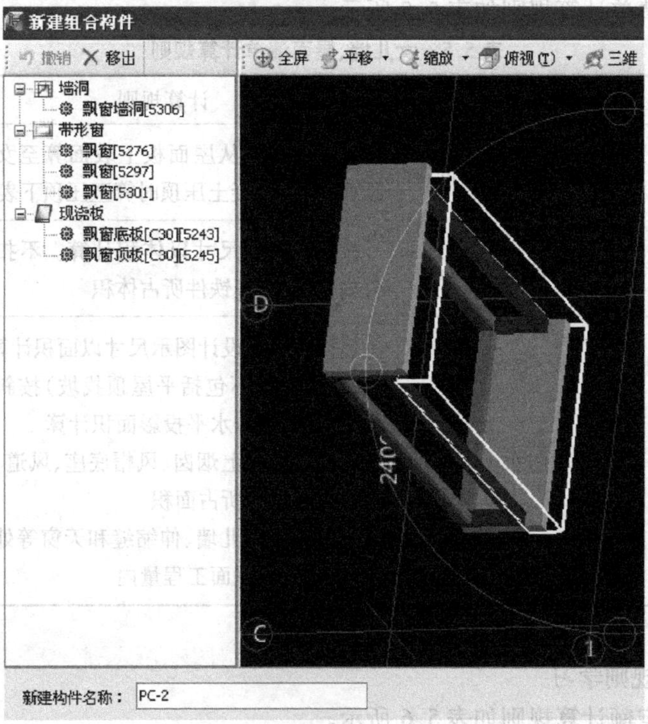

图 5.34

5.4 女儿墙、屋面的工程量计算

通过本节学习,你将能够:

(1)确定女儿墙高度、厚度,确定屋面防水的上卷高度;

(2)矩形绘制屋面图元;

(3)图元的拉伸;

(4)统计本层女儿墙、女儿墙压顶、屋面的工程量。

1)分析图纸

(1)分析女儿墙及压顶

分析建施-4、建施-8,女儿墙的构造参见建施-8 节点 1,女儿墙墙厚 240mm(以建施-4 平面图为准)。女儿墙墙身为砖墙,压顶材质为混凝土,宽 340mm、高 150mm。

(2)分析屋面

分析建施-0、建施-1,可知本层的屋面做法为屋面 3,防水的上卷高度设计没有指明,按照定额默认高度为 250mm。

2)清单、定额计算规则学习

(1)清单计算规则学习

女儿墙、屋面清单计算规则如表 5.5 所示。

表 5.5 女儿墙、屋面清单计算规则

编号	项目名称	单位	计算规则	备注
010302001	实心砖墙	m^3	女儿墙高度从屋面板上表面算至女儿墙顶面(如有混凝土压顶时算至压顶下表面)	
010407001	其他构件	m^3	按设计图示尺寸以体积计算。不扣除构件内钢筋、预埋铁件所占体积	
010702001	屋面卷材防水	m^2	屋面防水按设计图示尺寸以面积计算 1.斜屋顶(不包括平屋顶找坡)按斜面积计算,平屋顶按水平投影面积计算 2.不扣除房上烟囱、风帽底座、风道、屋面小气窗和斜沟所占面积 3.屋面的女儿墙、伸缩缝和天窗等处的弯起部分,并入屋面工程量内	

(2)定额计算规则学习

女儿墙、屋面定额计算规则如表 5.6 所示。

表 5.6 女儿墙、屋面定额计算规则

编号	项目名称	单位	计算规则	备注
3-4	砖墙 1 砖	m^3	女儿墙高度从屋面板上表面算至女儿墙上表面	
B4-1	压顶	m^3	同清单	
9-27	屋面高聚物改性沥青卷材(厚 4mm 热熔)满铺	m^2	按设计图示尺寸以面积计算	
8-21	楼地面、屋面找平层水泥砂浆加聚丙烯在填充材料上 20mm (1∶3水泥砂浆)	m^2	按设计图示尺寸以面积计算	
8-22	水泥砂浆找平每增减 5mm	m^3	按设计图示尺寸以体积计算	
9-56	1∶6水泥焦渣找坡	m^3	按设计图示尺寸以体积计算	

3)属性定义

(1)女儿墙的属性定义

女儿墙的属性定义同墙,只是在新建墙体时,把名称改为"女儿墙",其属性定义如图5.35所示。

(2)屋面的属性定义

在模块导航栏中单击"其他"→"屋面",在构件列表中单击"新建"→"新建屋面",在属性编辑框中输入相应的属性值,如图 5.36 所示。

(3)女儿墙压顶的属性定义

在模块导航栏中单击"其他"→"压顶",在构件列表中单击"新建"→"新建压顶",把名称改为"女儿墙压顶",其属性定义如图 5.37 所示。

图 5.35

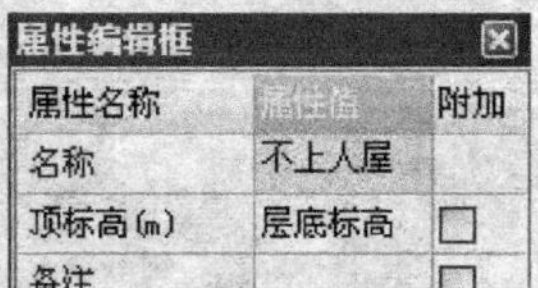

图 5.36

图 5.37

4)做法套用

①女儿墙的做法套用,如图 5.38 所示。

	编码	类别	项目名称	单位	工程量表达式	表达式说明	措施项目	专业
1	010302001001	项	"实心砖墙1.砖品种、规格、强度等级:标准粘土砖 2.部位:女儿墙 3.墙体厚度:240mm 4.砂浆强度等级、配合比:M5混合砂浆 "	m3	TJ	TJ<体积>	□	建筑工程
2	3-4	定	砖墙1砖(M5混合砌筑砂浆)	m3	TJ	TJ<体积>	□	土建

图 5.38

②屋面的做法套用,如图 5.39 所示。屋面水泥珍珠岩找坡计算方法,先按找坡方向计算出最厚处,再加上最薄处求取平均值。

	编码	类别	项目名称	单位	工程量表达式	表达式说明	措施项目	专业
1	010702001001	项	"屋面1.防水层:1.2厚合成高分子材料防水卷材两道 2.找平层:25厚1:3水泥砂浆找平层 3.找坡层:1:6水泥焦渣找坡最薄处30厚 4.部位:屋面2、屋面3 "	m2	MJ	MJ<面积>	□	建筑工程
2	换8-21	补	20厚1:3水泥砂浆找平在填充材料上	m2	MJ	MJ<面积>	□	土建
3	8-22	定	找平层,水泥砂浆找平每增减5mm	m2	MJ	MJ<面积>	□	土建
4	9-27	定	改性沥青卷材热熔法	m2	FSMJ	FSMJ<防水面积>	□	土建
5	9-56	定	1:6水泥焦渣找坡	m3	MJ*0.03	MJ<面积>*0.03	□	土建

图 5.39

③女儿墙压顶的做法套用,如图 5.40 所示。

	编码	类别	项目名称	单位	工程量表达式	表达式说明	措施项目	专业
1	010407001001	项	"其他构件1.混凝土强度等级:c25 2.混凝土拌和料要求:商品混凝土 3.部位:女儿墙压顶(直形) "	m3	TJ	TJ<体积>	□	建筑工程
2	换B4-1	补	C20混凝土非现场搅拌	m3	TJ	TJ<体积>	□	土建
3	020203001001	项	"零星项目一般抹灰1.6厚1:2.5水泥砂浆 2.14厚的1:3水泥砂浆 3.压顶"	m2	WLMJ	WLMJ<外露面积>	□	装饰装修工程
4	10-256	定	水泥砂浆 零星项目	m2	WLMJ	WLMJ<外露面积>	□	土建
5	020506002001	项	"抹灰线条油漆1.乳胶漆两遍 2.部位:压顶 "	m	CD	CD<长度>	□	装饰装修工程
6	10-1337	定	刷乳胶漆 腰线及其他 二遍	m	CD	CD<长度>	□	土建

图 5.40

5)画法讲解

(1)直线绘制女儿墙

采用直线绘制女儿墙,由于画的时候是居中于轴线绘制的,因此女儿墙图元绘制完成后要对其进行偏移、延伸,使女儿墙各段墙体封闭,绘制好的图元如图 5.41 所示。

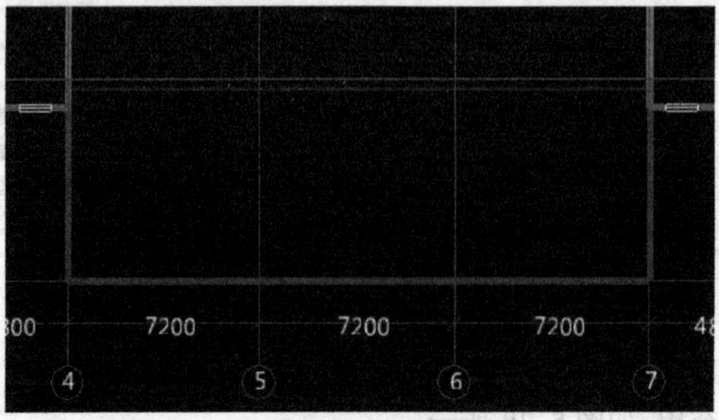

图 5.41

(2)矩形绘制屋面

采用矩形绘制屋面,需要找到两个对角点即可进行绘制,如图5.42所示的两个对角点。绘制完屋面和图纸对应位置的屋面比较,发现缺少一部分,如图5.43所示。采用“延伸”功能把屋面补全,选中屋面,单击要拉伸的面上一点,拖着往延伸的方向找到终点,如图5.44所示。

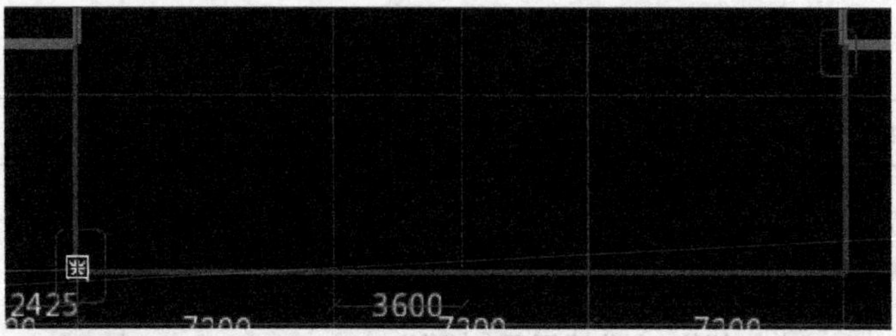

图5.42

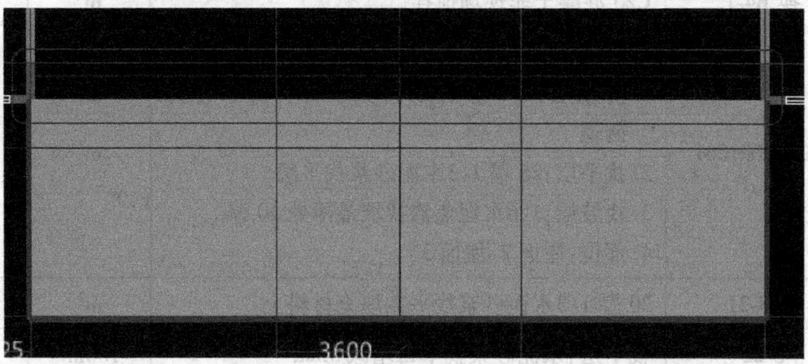

图5.43

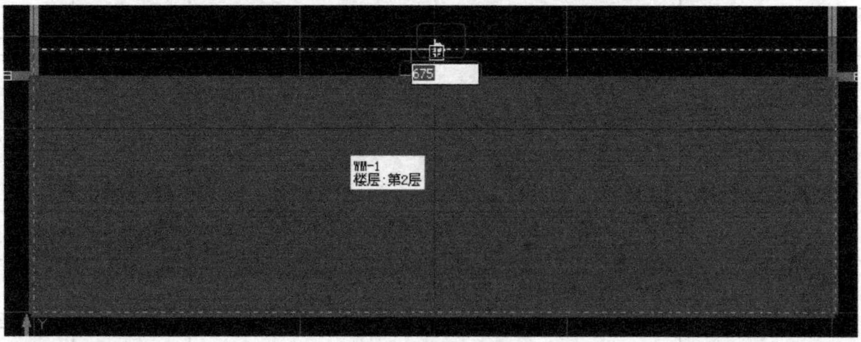

图5.44

工程实战

(1)利用“智能布置”绘制屋面及女儿墙压顶。

(2)汇总本层女儿墙及屋面工程量。

设置报表范围时,选择二层女儿墙、屋面,它们的实体工程量如表5.7所示。请读者与自己的结果进行核对,如果不同,请找出原因并进行修改。

表 5.7 二层女儿墙、屋面清单定额量

序号	编码	项目名称	单位	工程量
1	010302001001	实心砖墙 1. 砖品种、规格、强度等级:标准粘土砖 2. 部位:女儿墙 3. 墙体厚度:240mm 4. 砂浆强度等级、配合比:M5 混合砂浆	m^3	6.0696
	3-4	砖墙 1 砖(M5 混合砌筑砂浆)	$10m^3$	0.607
2	010407001001	其他构件 1. 混凝土强度等级:C25 2. 混凝土拌和料要求:商品混凝土 3. 部位:女儿墙压顶(直形)	m^3	1.7325
	换 B4-1	C20 混凝土非现场搅拌	m^3	1.7325
3	010702001001	屋面 1. 防水层:1.2 厚合成高分子材料防水卷材两道 2. 找平层:25 厚 1:3水泥砂浆找平层 3. 找坡层:1:6水泥焦渣找坡最薄处 30 厚 4. 部位:屋面 2、屋面 3	m^2	144.981
	换 8-21	20 厚 1:3水泥砂浆找平在填充材料上	m^2	144.981
	8-22	找平层,水泥砂浆找平每增减 5mm	$100m^2$	1.4498
	9-27	改性沥青卷材热熔法	$100m^2$	1.5372
	9-56	1:6水泥焦渣找坡	$10m^3$	0.4349
4	020203001001	零星项目一般抹灰 1.6 厚 1:2.5 水泥砂浆 2.14 厚 1:3水泥砂浆 3. 压顶	m^2	25.0103
	10-256	水泥砂浆 零星项目	$100m^2$	0.2501
5	020506002001	抹灰线条油漆 1. 乳胶漆两遍 2. 部位:压顶	m	33.97
	10-1337	刷乳胶漆 腰线及其他 两遍	100m	0.3397

5.5 过梁、圈梁、构造柱的工程量计算

通过本节学习,你将能够:

统计本层圈梁、过梁、构造柱的工程量。

1)分析图纸

(1)分析过梁、圈梁

分析结施-2、结施-9、建施-4、建施-10、建施-11 可知,二层层高为 3.9m,外墙上窗的高度为2.7m,窗距地高度为0.7m,外墙上梁高为0.5m,所以外墙窗顶不设置过梁、圈梁,窗底设置一道圈梁;内墙门顶设置圈梁代替过梁,同首层。

(2)分析构造柱

构造柱的布置位置详见结施-2 中第八条中的(4)。

2)画法讲解

(1)从首层复制圈梁图元到二层

利用从"其他楼层复制构件图元"的方法复制圈梁图元到二层。对复制过来的图元,利用"三维"查看是否正确,比如查看门窗图元是否和梁相撞。

(2)自动生成构造柱

对于构造柱图元,不推荐采用层间复制。如果楼层不是标准层,通过复制过来的构造柱图元容易出现位置错误的问题。

单击"自动生成构造柱",然后对构造柱图元进行查看,比如看是否在一段墙中重复布置了构造柱图元。查看的目的是保证本层构造柱图元的位置及属性都是正确的。

工程实战

汇总二层过梁、圈梁、构造柱工程量。

设置报表范围时,选择二层过梁、圈梁、构造柱,它们的实体工程量如表 5.8 所示。请读者与自己的结果进行核对,如果不同,请找出原因并进行修改。

表 5.8 过梁、圈梁、构造柱清单定额量

序号	编码	项目名称	单位	工程量
1	010402001001	构造柱 1. 混凝土强度等级:C25 2. 混凝土拌和料要求:商品混凝土	m^3	12.6795
	换 B4-1	C20 混凝土非现场搅拌	m^3	12.6795
2	010403004001	圈梁 1. 混凝土强度等级:C25 2. 混凝土拌和料要求:商品混凝土	m^3	4.8207
	换 B4-1	C20 混凝土非现场搅拌	m^3	4.8207
3	010403005001	过梁 1. 混凝土强度等级:C25 2. 混凝土拌和料要求:商品混凝土	m^3	0.024
	换 B4-1	C20 混凝土非现场搅拌	m^3	0.024

知识拓展

变量标高

对于构件属性中的标高处理一般有两种方式：第一种为直接输入标高的数字，如在组合飘窗的图5.32所示中就是采用这种方式；另一种，QL1的顶标高为“层底标高+0.7”，这种定义标高模式称为变量标高，好处在于进行层间复制时标高不容易出错，省去手动调整标高的麻烦。我们推荐读者使用变量标高。

第6章 三、四层工程量计算

通过本章学习,你将能够:
(1)掌握块存盘、块提取功能;
(2)掌握批量选择构件图元的方法;
(3)掌握批量删除的方法;
(4)统计三、四层各构件图元的工程量。

1)分析三层图纸

①分析结施-5,三层Ⓒ轴位置的矩形 KZ3 在二层为圆形 KZ2,其他柱和二层柱一样。
②由结施-5、结施-9、结施-13 可知,三层剪力墙、梁、板、后浇带与二层完全相同。
③对比建施-4 与建施-5 发现,三层和二层砌体墙基本相同,三层有一段弧形墙体。
④二层天井的地方在三层为办公室,因此增加几道墙体。

2)绘制三层图元

运用"从其他楼层复制构件图元"的方法复制图元到三层。建议构造柱不要进行复制,用"自动生成构造柱"的方法绘制三层构造柱图元。运用学到的软件功能对三层图元进行修改,保存并汇总计算。

3)三层实体工程量汇总

三层实体工程量如表 6.1 所示。

表 6.1 三层清单定额量

序号	编码	项目名称	单位	工程量
1	010304001001	空心砖墙、砌块墙 1. 墙体厚度:200mm 2. 空心砖、砌块品种、规格、强度等级:加气混凝土砌块 3. 砂浆强度等级、配合比:M10 混合砂浆	m^3	71.8089
	3-46	加气 混凝土块墙(M10 混合砌筑砂浆)	$10m^3$	7.1685
2	010304001002	空心砖墙、砌块墙 1. 墙体厚度:250mm 2. 空心砖、砌块品种、规格、强度等级:加气混凝土砌块 3. 砂浆强度等级、配合比:M10 混合砂浆	m^3	31.7235
	3-46	加气 混凝土块墙(M10 混合砌筑砂浆)	$10m^3$	3.1723

续表

序号	编码	项目名称	单位	工程量
3	010304001003	空心砖墙、砌块墙 1. 空心砖、砌块品种、规格、强度等级：加气混凝土砌块 2. 墙体厚度：250mm 3. 砂浆强度等级、配合比：M10 混合砂浆 4. 墙体类型：弧形墙	m^3	9.1537
	3-46	加气 混凝土块墙（M10 混合砌筑砂浆）	$10m^3$	0.9154
4	010304001005	空心砖墙、砌块墙 1. 墙体厚度：100mm 2. 空心砖、砌块品种、规格、强度等级：加气混凝土砌块 3. 砂浆强度等级、配合比：M10 混合砂浆	m^3	2.1259
	3-46	加气 混凝土块墙（M10 混合砌筑砂浆）	$10m^3$	0.2122
5	010402001001	构造柱 1. 混凝土强度等级：C25 2. 混凝土拌和料要求：商品混凝土	m^3	12.8578
	换 B4-1	C20 混凝土非现场搅拌	m^3	12.8578
6	010402001003	矩形柱 1. 柱截面尺寸：截面周长在 1.8m 以上 2. 混凝土强度等级：C25 3. 混凝土拌和料要求：商品混凝土	m^3	56.16
	换 B4-1	C20 混凝土非现场搅拌	m^3	56.16
7	010402001007	矩形柱 1. 柱截面尺寸：截面周长在 1.2m 以内 2. 混凝土强度等级：C25 3. 混凝土拌和料要求：商品混凝土 4. 部位：楼梯间	m^3	0.495
	换 B4-1	C20 混凝土非现场搅拌	m^3	0.495
8	010403004001	圈梁 1. 混凝土强度等级：C25 2. 混凝土拌和料要求：商品混凝土	m^3	4.917
	换 B4-1	C20 混凝土非现场搅拌	m^3	4.917
9	010403004002	圈梁 1. 混凝土强度等级：C25(20) 2. 混凝土拌和料要求：商品混凝土 3. 类型：弧形圈梁	m^3	0.9046
	换 B4-1	C20 混凝土非现场搅拌	m^3	0.9046
10	010403005001	过梁 1. 混凝土强度等级：C25 2. 混凝土拌和料要求：商品混凝土	m^3	0.024
	换 B4-1	C20 混凝土非现场搅拌	m^3	0.024

续表

序号	编码	项目名称	单位	工程量
11	010404001002	直形墙 1. 混凝土强度等级:C25 2. 混凝土拌和料要求:商品混凝土 3. 墙厚:300mm 以内	m^3	43.0313
	换 B4-1	C20 混凝土非现场搅拌	m^3	43.0313
12	010404001007	直形墙 1. 混凝土强度等级:C25 2. 混凝土拌和料要求:商品混凝土 3. 部位:电梯井壁 4. 墙厚:300mm 以内	m^3	3.153
	换 B4-1	C20 混凝土非现场搅拌	m^3	3.153
13	010404001009	直形墙 1. 混凝土强度等级:C25 2. 混凝土拌和料要求:商品混凝土 3. 部位:电梯井壁 4. 墙厚:200mm 以内	m^3	9.275
	换 B4-1	C20 混凝土非现场搅拌	m^3	9.275
14	010405001004	有梁板 1. 混凝土强度等级:C25 2. 混凝土拌和料要求:商品混凝土 3. 板厚:100mm 以上	m^3	132.0006
	换 B4-1	C20 混凝土非现场搅拌	m^3	132.0006
15	010405001005	有梁板 1. 混凝土强度等级:C25 2. 混凝土拌和料要求:商品混凝土 3. 板厚:100mm 以上 4. 类型:弧形有梁板	m^3	6.0314
	换 B4-1	C20 混凝土非现场搅拌	m^3	6.0314
16	010405008001	雨篷、阳台板 1. 混凝土强度等级:C25 2. 混凝土拌和料要求:商品混凝土	m^3	0.3875
	换 B4-1	C20 混凝土非现场搅拌	m^3	0.3875
17	010408001002	后浇带 1. 混凝土强度等级:C35 2. 混凝土拌和料要求:商品混凝土 3. 部位:100mm 以上有梁板	m^3	2.3617
	换 B4-1	C20 混凝土非现场搅拌	m^3	2.3617

续表

序号	编码	项目名称	单位	工程量
18	020301001001	天棚抹灰 1. 钢筋混凝土板底面清理干净,刷素水泥浆一道甩毛 2. 5 厚 1:0.3:2.5 水泥石灰膏砂浆抹面找平 3. 5 厚 1:0.3:3水泥石灰砂浆 4. 表面喷刷涂料另选 5. 涂料顶棚	m^2	3.6
	10-663	天棚抹混合砂浆 混凝土面	$100m^2$	0.036
19	020301001002	雨篷、挑檐抹灰 1. 5 厚 1:2.5 水泥砂浆 2. 5 厚 1:3水泥砂浆 3. 部位:雨篷、飘窗板、挑檐	m^2	3.6
	10-660	雨篷、挑檐抹灰 水泥砂浆 厚 5mm + 5mm	$100m^2$	0.036
20	020401003001	实木装饰门 1. 部位:M1,M2 2. 类型:实木成品豪华装饰门(带框),含五金	m^2	35.7
	7-24	木门框(有亮)安装	$100m^2$	0.357
21	020401006001	木质防火门 成品木质丙级防火门,含五金	m^2	5.9
	10-973	成品木质防火门安装	$100m^2$	0.059
22	020402007002	钢质防火门 成品钢质乙级防火门,含五金	m^2	5.04
	10-972	成品门安装钢防火门	$100m^2$	0.0504
23	020406007001	塑钢窗 塑钢平开窗、上悬窗,含玻璃及配件	m^2	150.66
	10-965	成品窗安装塑钢平开窗	$100m^2$	1.5066
24	020406007002	塑钢窗 塑钢纱扇,含配件	m^2	136.08
	10-967	成品窗安装塑钢纱窗扇	$100m^2$	1.3608
25	020506001001	抹灰面油漆 1. 清理抹灰基层 2. 刷乳胶漆漆一度 3. 满刮腻子两道 4. 刷乳胶漆两遍	m^2	3.6
	10-1331	抹灰面油漆 乳胶漆抹灰面两遍	$100m^2$	0.036

4)分析四层图纸

(1)结构图纸分析

分析结施-5、结施-9、结施-10、结施-13与结施-14可知,四层的框架柱和端柱与三层的图元是相同的;大部分梁的截面尺寸和三层的相同,只是名称发生了变化;板的名称和截面都发生了变化;四层的连梁高度发生了变化,LL1下的洞口高度为(3.9－1.3)m＝2.6m,LL2下的洞口高度不变为2.6m;剪力墙的截面没发生变化。

(2)建筑图纸分析

分析建施-5、建施-6可知,四层和三层的房间数发生了变化。

结合以上分析,建立四层构件图元的方法可以采用前面介绍过的两种层间复制图元的方法。本章介绍另一种快速建立整层图元的方法:块存盘、块提取。

5)一次性建立整层构件图元

(1)块存盘

在黑色绘图区域下方的显示栏选择第3层(见图6.1),单击"楼层",在下拉菜单中可以看到"块存盘"、"块提取",如图6.2所示。单击"块存盘",框选本层,然后单击基准点即①轴与Ⓐ轴的交点(见图6.3),弹出"另存为"对话框,可以对文件保存的位置进行更改,这里选择保存在桌面上,如图6.4所示。

图6.1

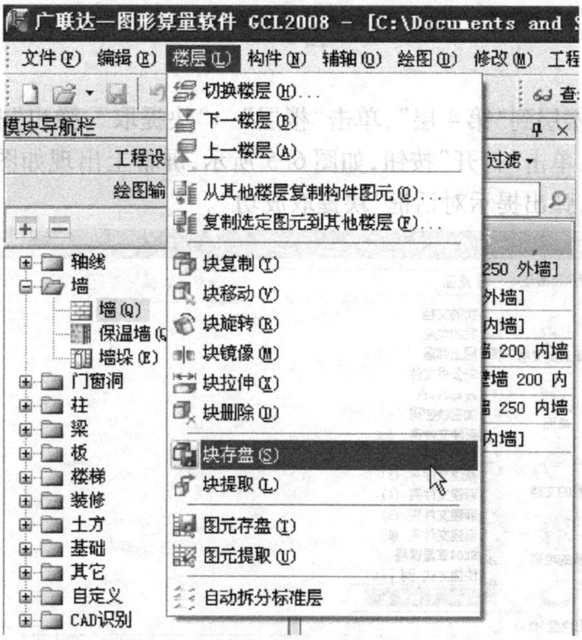

图6.2

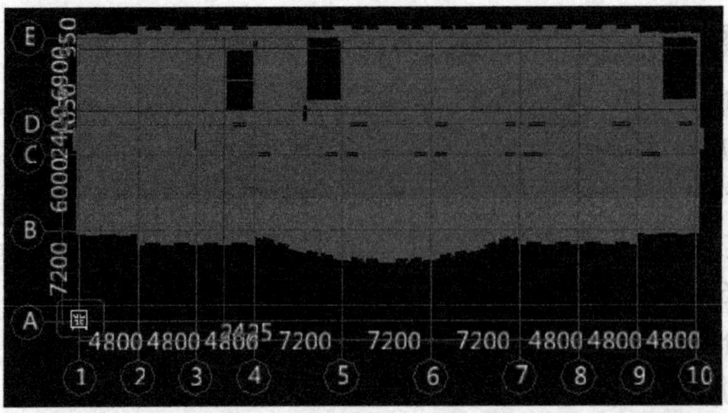

图 6.3

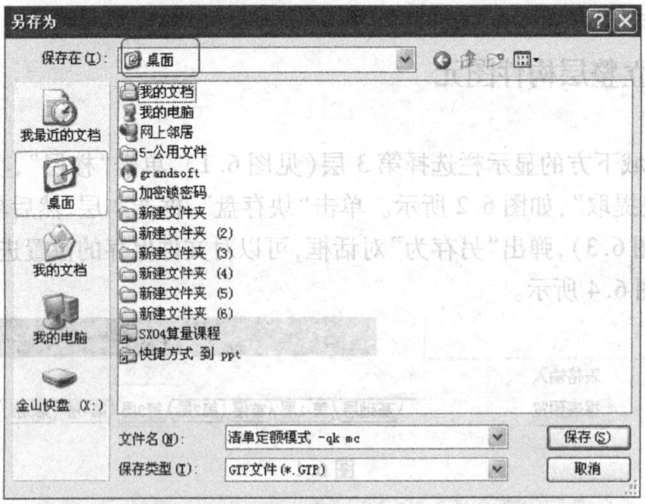

图 6.4

(2)块提取

在显示栏中切换楼层到“第 4 层”，单击“楼层”→“块提取”，弹出“打开”对话框，选择保存在桌面上的块文件，单击“打开”按钮，如图 6.5 所示，屏幕上出现如图 6.6 所示的结果，单击①轴和Ⓐ轴的交点，弹出提示对话框“块提取成功”。

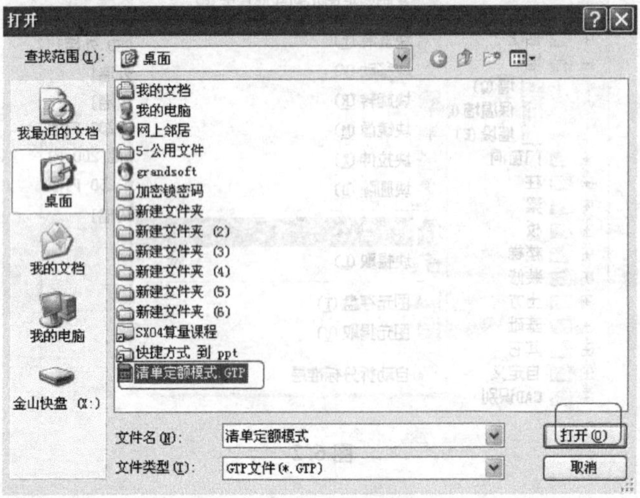

图 6.5

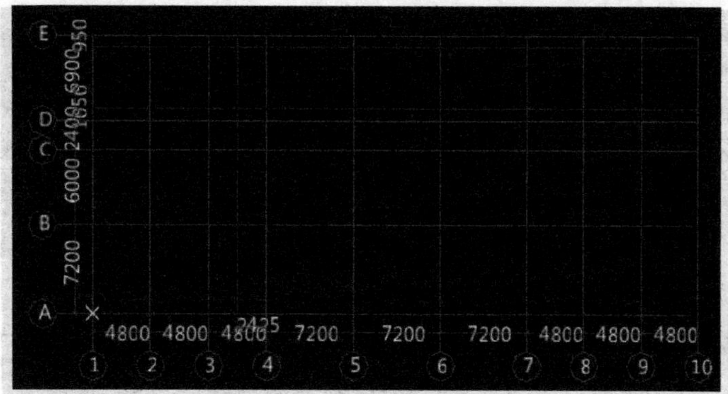

图6.6

6)四层构件及图元的核对修改

(1)柱、剪力墙构件及图元的核对修改

对柱、剪力墙图元的位置、截面尺寸、混凝土标号进行核对修改。

(2)梁、板构件及图元核对修改

①利用修改构件名称建立梁构件。选中Ⓔ轴KL3,在属性编辑框"名称"一栏修改"KL3"为"WKL-3",如图6.7所示。

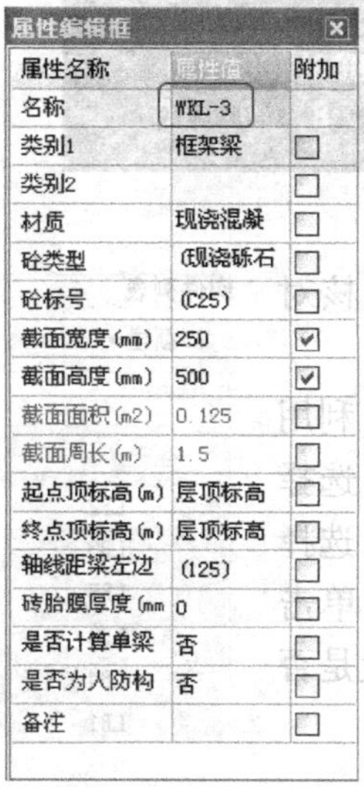

图6.7

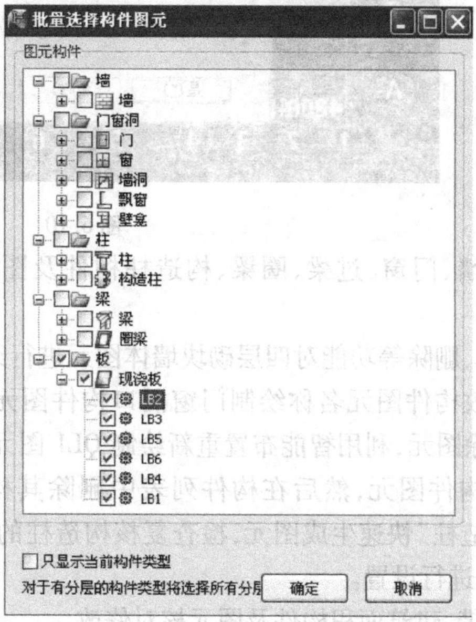

图6.8

②批量选择构件图元(F3键)。单击模块导航栏中的"板",切换到板构件,按下"F3"键,弹出如图6.8所示"批量选择构件图元"对话框,选择所有的板后单击"确定"按钮,能看到绘图界面的板图元都被选中,如图6.9所示,按下"Delete"键,弹出如图6.10所示"是否删除选中图元"的确认对话框,单击"是"按钮。删除板的构件图元以后,单击"构件列表"→"构件名称",可以看到所有的板构件都被选中,如图6.11所示,单击右键选择"删除",在弹出的确认对话框中单击"是"按钮,可以看到构件列表为空。

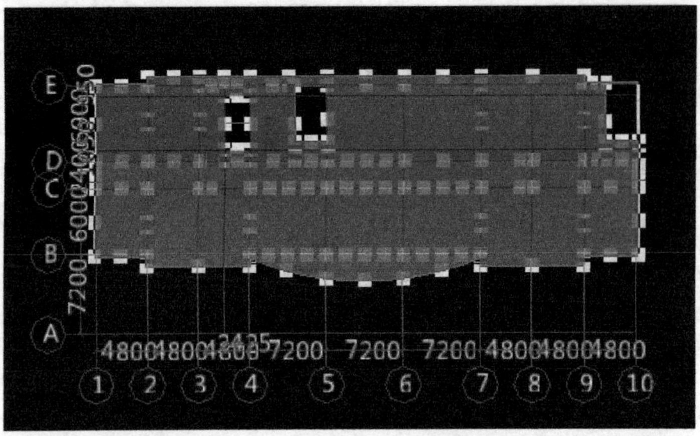

图 6.9

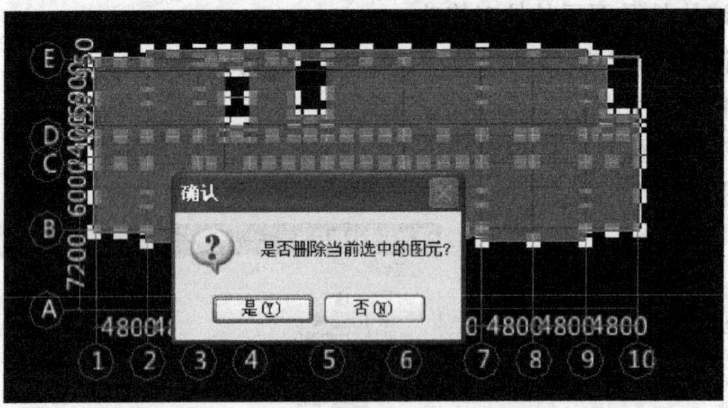

图 6.10

(3)砌块墙、门窗、过梁、圈梁、构造柱构件及图元的核对修改

利用延伸、删除等功能对四层砌块墙体图元进行绘制；利用精确布置、修改构件图元名称绘制门窗洞口构件图元；F3 选择内墙 QL1，删除图元，利用智能布置重新绘制 QL1 图元；F3 选择构造柱，删除构件图元，然后在构件列表中删除其构件；单击“自动生成构造柱”快速生成图元，检查复核构造柱的位置是否按照图纸要求进行设置。

图 6.11

(4)后浇带、建筑面积构件及图元核对修改

对比图纸，查看后浇带的宽度、位置是否正确。四层后浇带和三层无异，不需修改；四层建筑面积和三层无差别，不需修改。

7)做法刷套用做法

单击“框架柱构件”，双击进入套取做法界面，可以看到通过“块提取”建立的构件中没有做法，那么怎么才能对四层所有的构件套取做法呢？下面利用“做法刷”功能来套取做法。

切换到“第 3 层”，如图 6.12 所示。在构件列表中双击 KZ1，进入套取做法界面，单击“做法刷”，勾选第 4 层的所有框架柱，如图 6.13 所示，单击右键确定即可。

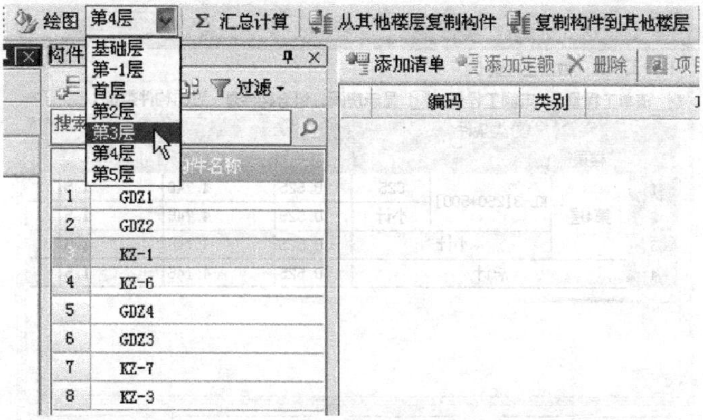

图6.12

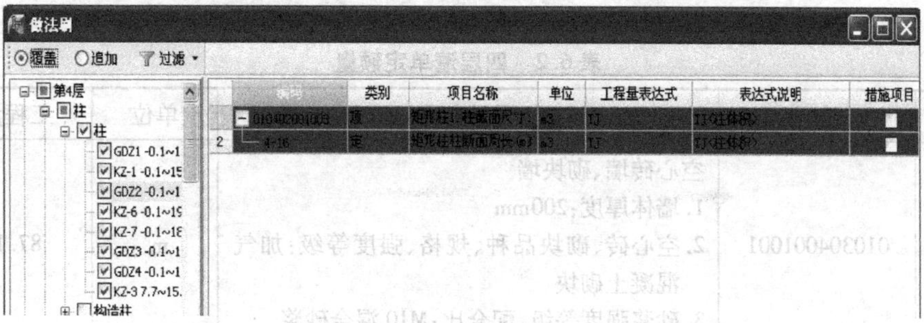

图6.13

工程实战

(1)完成本层所有构件图元的绘制。

(2)查看工程量的方法。下面简单介绍几种在绘图界面查看工程量的方式。

①单击“查看工程量”,选中要查看的构件图元,弹出“查看构件图元工程量”对话框,可以查看做法工程量、清单工程量、定额工程量,如图6.14和图6.15所示。

图6.14

②F3批量选择构件图元,然后单击“查看工程量”,可以查看做法工程量、清单工程量、定额工程量。

③单击“查看计算式”,选择单一图元,弹出“查看构件图元工程量计算式”,可以查看此图元的详细计算式,还可以利用“查看三维扣减图”查看详细工程量计算式。

(3)汇总本层工程量。

四层实体工程量如表6.2所示。请读者与自己的结果进行核对,如果不同,请找出原因并进行修改。

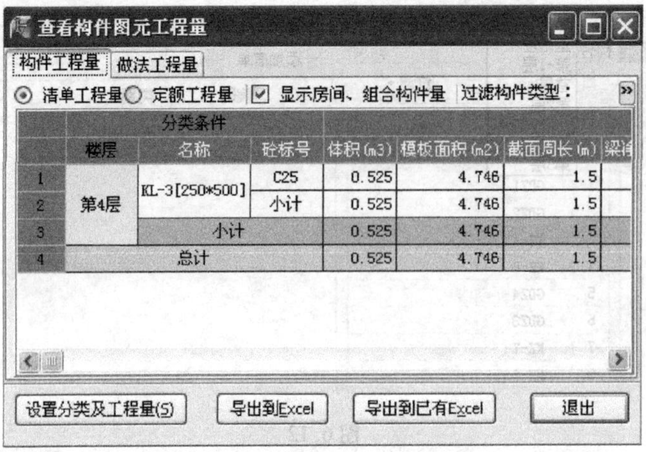

图 6.15

表 6.2　四层清单定额量

序号	编码	项目名称	单位	工程量
1	010304001001	空心砖墙、砌块墙 1. 墙体厚度:200mm 2. 空心砖、砌块品种、规格、强度等级:加气混凝土砌块 3. 砂浆强度等级、配合比:M10 混合砂浆	m^3	87.1575
	3-46	加气 混凝土块墙(M10 混合砌筑砂浆)	$10m^3$	8.6768
2	010304001002	空心砖墙、砌块墙 1. 墙体厚度:250mm 2. 空心砖、砌块品种、规格、强度等级:加气混凝土砌块 3. 砂浆强度等级、配合比:M10 混合砂浆	m^3	31.804
	3-46	加气 混凝土块墙(M10 混合砌筑砂浆)	$10m^3$	3.1804
3	010304001003	空心砖墙、砌块墙 1. 空心砖、砌块品种、规格、强度等级:加气混凝土砌块 2. 墙体厚度:250mm 3. 砂浆强度等级、配合比:M10 混合砂浆 4. 墙体类型:弧形墙	m^3	9.0762
	3-46	加气 混凝土块墙(M10 混合砌筑砂浆)	$10m^3$	0.9076
4	010304001005	空心砖墙、砌块墙 1. 墙体厚度:100mm 2. 空心砖、砌块品种、规格、强度等级:加气混凝土砌块 3. 砂浆强度等级、配合比:M10 混合砂浆	m^3	1.9699
	3-46	加气 混凝土块墙(M10 混合砌筑砂浆)	$10m^3$	0.197

续表

序号	编码	项目名称	单位	工程量
5	010402001001	构造柱 1. 混凝土强度等级:C25 2. 混凝土拌和料要求:商品混凝土	m^3	13.9783
	换 B4-1	C20 混凝土非现场搅拌	m^3	13.9783
6	010402001003	矩形柱 1. 柱截面尺寸:截面周长在 1.8m 以上 2. 混凝土强度等级:C25 3. 混凝土拌和料要求:商品混凝土	m^3	56.16
	换 B4-1	C20 混凝土非现场搅拌	m^3	56.16
7	010402001007	矩形柱 1. 柱截面尺寸:截面周长在 1.2m 以内 2. 混凝土强度等级:C25 3. 混凝土拌和料要求:商品混凝土 4. 部位:楼梯间	m^3	0.3
	换 B4-1	C20 混凝土非现场搅拌	m^3	0.3
8	010403004001	圈梁 1. 混凝土强度等级:C25 2. 混凝土拌和料要求:商品混凝土	m^3	5.2623
	换 B4-1	C20 混凝土非现场搅拌	m^3	5.2623
9	010403004002	圈梁 1. 混凝土强度等级:C25(20) 2. 混凝土拌和料要求:商品混凝土 3. 类型:弧形圈梁	m^3	0.9003
	换 B4-1	C20 混凝土非现场搅拌	m^3	0.9003
10	010403005001	过梁 1. 混凝土强度等级:C25 2. 混凝土拌和料要求:商品混凝土	m^3	0.024
	换 B4-1	C20 混凝土非现场搅拌	m^3	0.024
11	010404001002	直形墙 1. 混凝土强度等级:C25 2. 混凝土拌和料要求:商品混凝土 3. 墙厚:300mm 以内	m^3	43.0313
	换 B4-1	C20 混凝土非现场搅拌	m^3	43.0313
12	010404001007	直形墙 1. 混凝土强度等级:C25 2. 混凝土拌和料要求:商品混凝土 3. 部位:电梯井壁 4. 墙厚:300mm 以内	m^3	3.153
	换 B4-1	C20 混凝土非现场搅拌	m^3	3.153

续表

序号	编码	项目名称	单位	工程量
13	010404001009	直形墙 1. 混凝土强度等级:C25 2. 混凝土拌和料要求:商品混凝土 3. 部位:电梯井壁 4. 墙厚:200mm 以内	m^3	9.275
	换 B4-1	C20 混凝土非现场搅拌	m^3	9.275
14	010405001004	有梁板 1. 混凝土强度等级:C25 2. 混凝土拌和料要求:商品混凝土 3. 板厚:100mm 以上	m^3	132.2975
	换 B4-1	C20 混凝土非现场搅拌	m^3	132.2975
15	010405001005	有梁板 1. 混凝土强度等级:C25 2. 混凝土拌和料要求:商品混凝土 3. 板厚:100mm 以上 4. 类型:弧形有梁板	m^3	6.0314
	换 B4-1	C20 混凝土非现场搅拌	m^3	6.0314
16	010405008001	雨篷、阳台板 1. 混凝土强度等级:C25 2. 混凝土拌和料要求:商品混凝土	m^3	0.3875
	换 B4-1	C20 混凝土非现场搅拌	m^3	0.3875
17	010408001002	后浇带 1. 混凝土强度等级:C35 2. 混凝土拌和料要求:商品混凝土 3. 部位:100mm 以上有梁板	m^3	2.3617
	换 B4-1	C20 混凝土非现场搅拌	m^3	2.3617
18	020301001001	天棚抹灰 1. 钢筋混凝土板底面清理干净,刷素水泥浆一道甩毛 2.5 厚 1:0.3:2.5 水泥石灰膏砂浆抹面找平 3.5 厚 1:0.3:3水泥石灰砂浆 4. 表面喷刷涂料另选 5. 涂料顶棚	m^2	3.6
	10-663	天棚抹混合砂浆 混凝土面	$100m^2$	0.036
19	020301001002	雨篷、挑檐抹灰 1.5 厚 1:2.5 水泥砂浆 2.5 厚的 1:3水泥砂浆 3. 部位:雨篷、飘窗板、挑檐	m^2	3.6
	10-660	雨篷、挑檐抹灰 水泥砂浆 厚 5mm + 5mm	$100m^2$	0.036

续表

序号	编码	项目名称	单位	工程量
20	020401003001	实木装饰门 1. 部位:M1,M2 2. 类型:实木成品豪华装饰门(带框),含五金	m^2	38.85
	7-24	木门框(有亮)安装	$100m^2$	0.3885
21	020401006001	木质防火门 成品木质丙级防火门,含五金	m^2	5.9
	10-973	成品木质防火门安装	$100m^2$	0.059
22	020402007002	钢质防火门 成品钢质乙级防火门,含五金	m^2	5.04
	10-972	成品门安装钢防火门	$100m^2$	0.0504
23	020406007001	塑钢窗 塑钢平开窗、上悬窗,含玻璃及配件	m^2	150.66
	10-965	成品窗安装塑钢平开窗	$100m^2$	1.5066
24	020406007002	塑钢窗 塑钢纱扇,含配件	m^2	136.08
	10-967	成品窗安装塑钢纱窗扇	$100m^2$	1.3608
25	020506001001	抹灰面油漆 1. 清理抹灰基层 2. 刷乳胶漆漆一度 3. 满刮腻子两道 4. 刷乳胶漆两遍	m^2	3.6
	10-1331	抹灰面油漆 乳胶漆抹灰面两遍	$100m^2$	0.036

知识拓展

删除不存在图元的构件

(1)单击梁构件列表的"过滤",选择"当前楼层未使用的构件",单击如图6.16所示的位置,一次性选择所有构件,单击右键选择"删除"。

(2)单击"过滤",选择"当前楼层使用构件"。

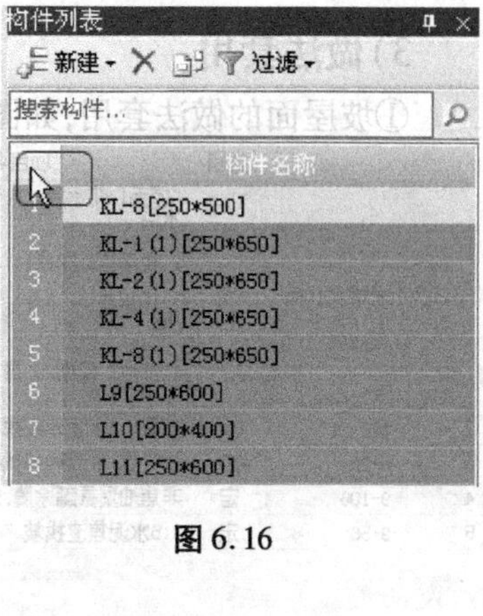

图6.16

第7章　机房及屋面工程量计算

通过本节学习,你将能够:
(1)掌握三点定义斜板的画法;
(2)掌握屋面的定义与做法套用;
(3)绘制屋面图元;
(4)统计本层屋面的工程量。

1)分析图纸

①分析建施-8 可以看到,机房的屋面是由平屋面+坡屋面组成,以④轴为分界线。

②坡屋面是结构找坡,本工程为结构板找坡,斜板下的梁、墙、柱的起点顶标高和终点顶标高不在同一标高。

2)板的属性定义

结施-14 中 WB2、YXB3、YXB4 的厚度都是 150mm,在画板图元时可以统一按照 WB2 绘制,方便绘制斜板图元。屋面板的属性定义操作同板,其属性定义如图 7.1 所示。

属性编辑框

属性名称	属性值	附加
名称	WB-2	
类别	有梁板	☐
厚度(mm)	150	☐
砼类型	(现浇砾石	☐
砼标号	(C25)	☐
顶标高(m)	层顶标高	☐
是否是楼板	是	☐
备注		☐

图 7.1

3)做法套用

①坡屋面的做法套用,如图 7.2 所示。

	编码	类别	项目名称	单位	工程量表达式	表达式说明	措施项目	专业
1	010702001001	项	"屋面1. 防水层: 1.5厚聚氨酯涂膜防水层 2. 找平层: 25厚1: 3水泥砂浆找平层 3. 找坡层: 1:6水泥焦渣找坡最薄处30厚 4. 部位: 屋面2、屋面3	m2	MJ	MJ<面积>	☐	建筑工程
2	换8-21	补	20厚1:3水泥砂浆找平在填充材料上	m2	MJ	MJ<面积>	☐	土建
3	8-22	定	找平层,水泥砂浆找平每增减5mm	m2	MJ	MJ<面积>	☐	土建
4	9-106	定	非焦油聚氨酯涂膜,涂膜厚1.5mm平面	m2	MJ	MJ<面积>	☐	土建
5	9-56	定	1:6水泥焦渣找坡	m3	MJ*0.03	MJ<面积>*0.03	☐	土建

图 7.2

②上人屋面的做法套用,如图 7.3 所示。

	编码	类别	项目名称	单位	工程量表达式	表达式说明	措施项目	专业
1	010702001002	项	屋面1.保护层：8-10厚600*600防滑地砖铺平拍实，缝宽5-8，1：1水泥砂浆填缝 2.找平层：25厚1：3水泥砂浆加建筑胶找平层 3.防水层：刷基层处理剂后，1.5厚SBS高聚物改性沥青防水卷材二道 4.保温层：30厚聚苯乙烯泡沫塑料板 5.找坡层：1:6水泥焦渣找坡按最薄处30厚 6.部位：屋面1（铺块材上人屋面）	m2	MJ	MJ<面积>	☐	建筑工程
2	10-70	定	地板砖楼地面 规格(mm) 600×600	m2	MJ	MJ<面积>	☐	土建
3	9-27	定	改性沥青卷材热熔法	m2	FSMJ	FSMJ<防水面积>	☐	土建
4	换8-21	补	20厚1:3水泥砂浆找平在填充材料上	m2	MJ	MJ<面积>	☐	土建
5	8-22	定	找平层,水泥砂浆找平每增减5mm	m2	MJ	MJ<面积>	☐	土建
6	9-53	定	30厚挤塑聚苯板厚	m3	MJ	MJ<面积>	☐	土建
7	9-56	定	1:6水泥炉渣找坡层	m3	MJ*0.03	MJ<面积>*0.03	☐	土建

图 7.3

4)画法讲解

(1)三点定义斜板

单击“三点定义斜板”,选择 WB2,可以看到选中的板边缘变成淡蓝色,如图 7.4 所示,在有数字的地方按照图纸的设计输入标高,如图 7.5 所示。输入标高后一定要记得按“Enter”键,使输入的数据能够得到保存。输入标高后,可以看到板上有一个箭头,这表示斜板已经绘制完成,箭头指向标高低的方向,如图 7.6 所示。

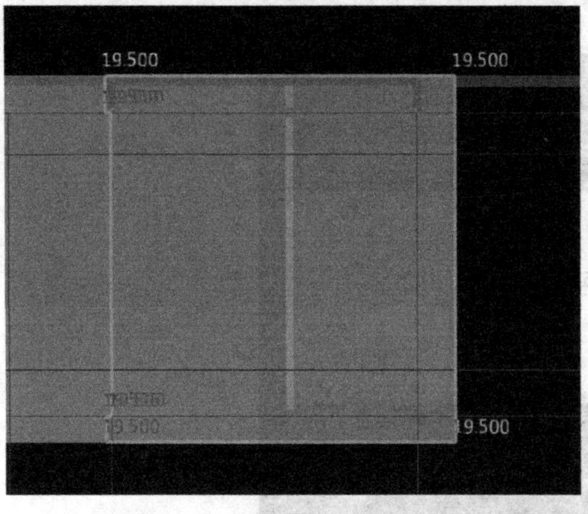

图 7.4

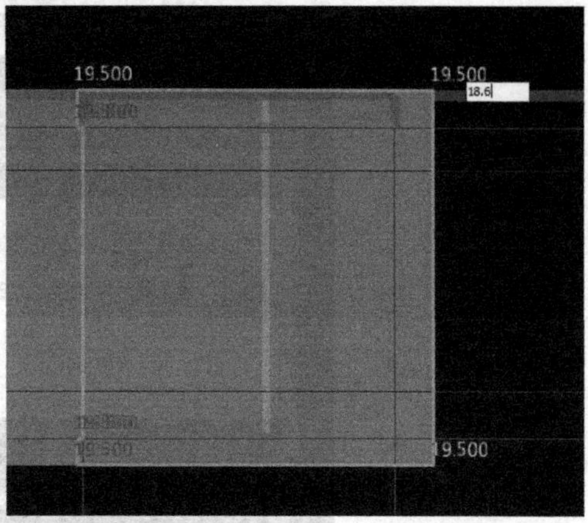

图 7.5

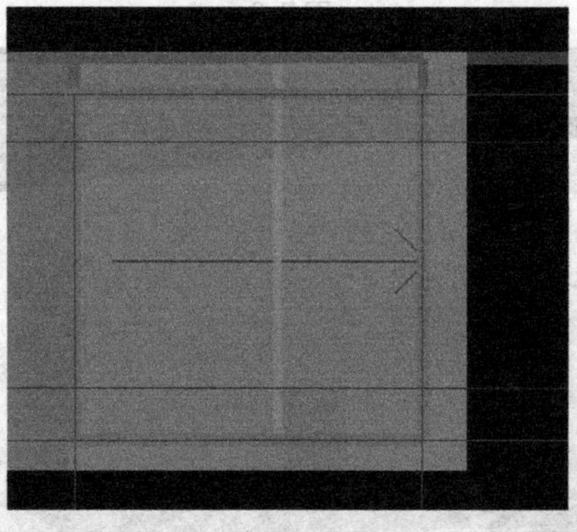

图 7.6

(2)平齐板顶

单击“平齐板顶”,如图7.7所示,选择梁、墙、柱图元(见图7.8),弹出如图7.9所示确认对话框“是否同时调整手动修改顶标高后的柱、梁、墙的顶标高”,单击“是”按钮,然后可以利用三维查看斜板的效果,如图7.10所示。

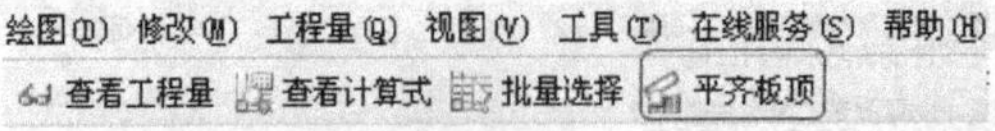

图7.7

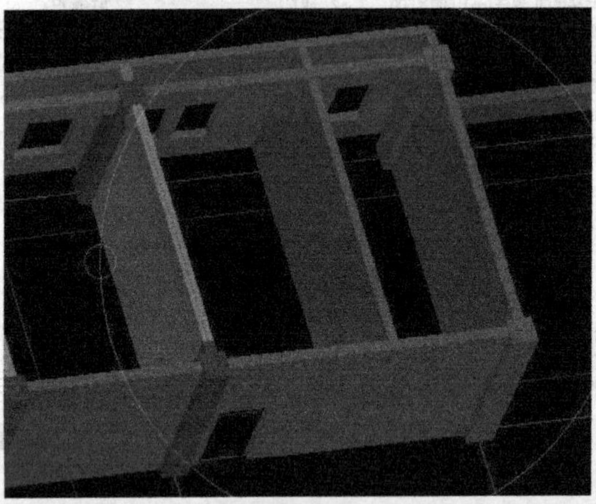

图7.8

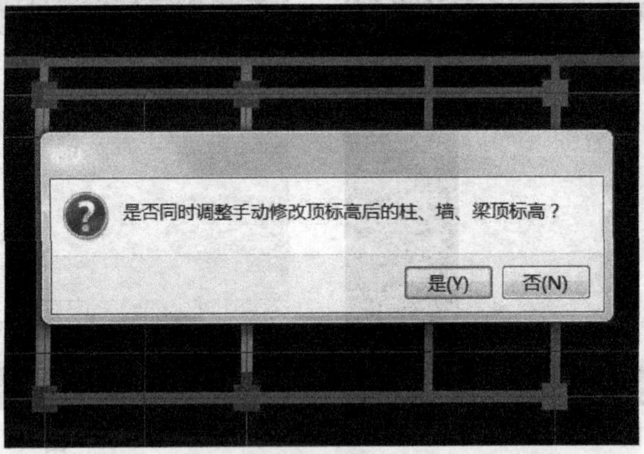

图7.9

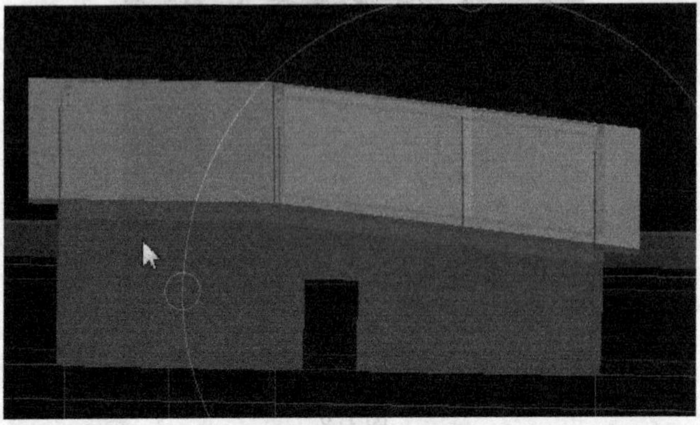

图7.10

(3)智能布置屋面图元

建立好屋面构件,单击“智能布置”→“外墙内边线”,如图 7. 11、图 7. 12 所示,智能布置后的图元如图 7. 13 所示。单击“定义屋面卷边”,设置屋面卷边高度。单击“智能布置”→“现浇板”,选择机房屋面板,单击“三维”按钮可看到如图 7. 14 所示结果。

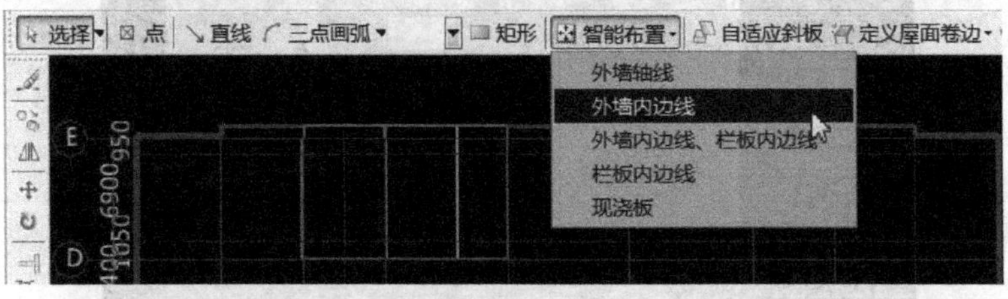

图 7. 11

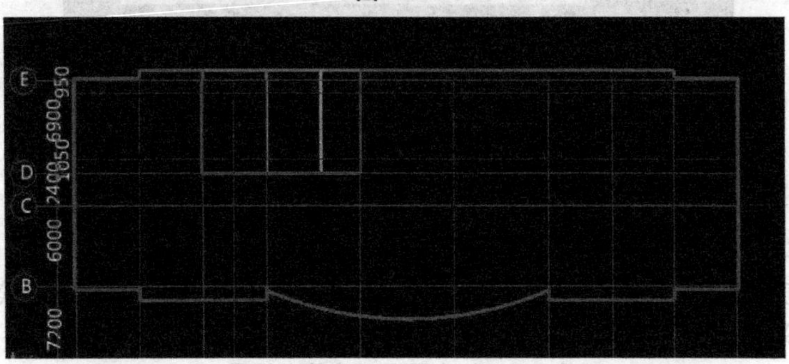

图 7. 12

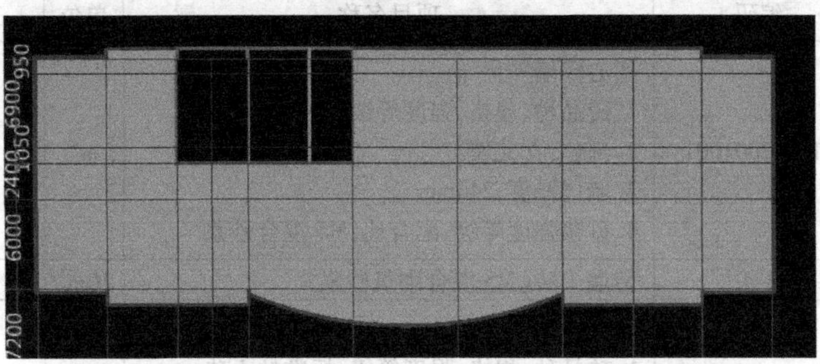

图 7. 13

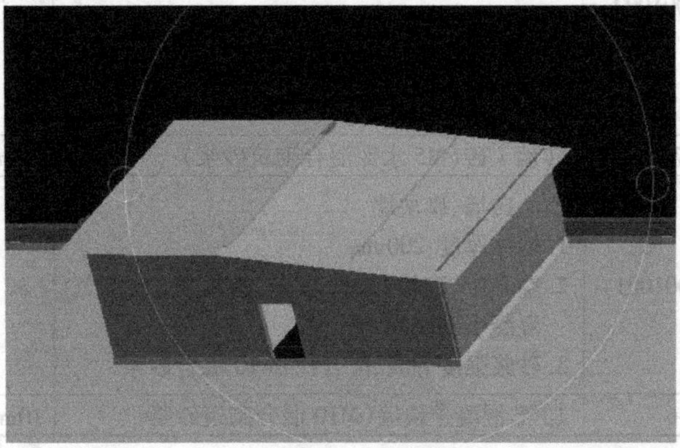

图 7. 14

(4)绘制建筑面积图元

矩形绘制机房层建筑面积,绘制建筑面积图元后对比图纸,可以看到机房层的建筑面积并不是一个规则的矩形,单击"分割"→"矩形",如图 7.15 所示。

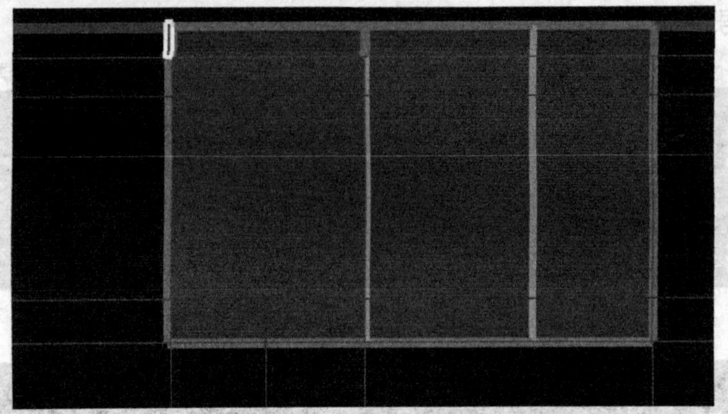

图 7.15

工程实战

汇总本层工程量。

设置报表范围时,选择机房、屋面,它们的实体工程量如表 7.1 所示。请读者与自己的结果进行核对,如果不同,请找出原因并进行修改。

表 7.1　机房及屋面清单定额量

序号	编码	项目名称	单位	工程量
1	010302001001	实心砖墙 1. 砖品种、规格、强度等级:标准粘土砖 2. 部位:女儿墙 3. 墙体厚度:240mm 4. 砂浆强度等级、配合比:M5 混合砂浆	m^3	16.5869
	3-4	砖墙 1 砖(M5 混合砌筑砂浆)	$10m^3$	1.6587
2	010302001002	实心砖墙 1. 砖品种、规格、强度等级:标准粘土砖 2. 部位:女儿墙 3. 墙体厚度:240mm 4. 砂浆强度等级、配合比:M5 混合砂浆 5. 墙体类型:弧形墙	m^3	3.733
	3-7	砖墙 1 砖(M5 水泥混合砌筑砂浆)	$10m^3$	0.3733
3	010304001001	空心砖墙、砌块墙 1. 墙体厚度:200mm 2. 空心砖、砌块品种、规格、强度等级:加气混凝土砌块 3. 砂浆强度等级、配合比:M10 混合砂浆	m^3	17.4773
	3-46	加气 混凝土块墙(M10 混合砌筑砂浆)	$10m^3$	1.7268

续表

序号	编码	项目名称	单位	工程量
4	010304001002	空心砖墙、砌块墙 1. 墙体厚度:250mm 2. 空心砖、砌块品种、规格、强度等级:加气混凝土砌块 3. 砂浆强度等级、配合比:M10 混合砂浆	m^3	6.4653
	3-46	加气 混凝土块墙(M10 混合砌筑砂浆)	$10m^3$	0.6465
5	010304001004	空心砖墙、砌块墙 1. 墙体厚度:120mm 2. 空心砖、砌块品种、规格、强度等级:加气混凝土砌块 3. 砂浆强度等级、配合比:M10 混合砂浆	m^3	0.6733
	3-46	加气 混凝土块墙(M10 混合砌筑砂浆)	$10m^3$	0.066
6	010402001001	构造柱 1. 混凝土强度等级:C25 2. 混凝土拌和料要求:商品混凝土	m^3	4.9322
	换 B4-1	C20 混凝土非现场搅拌	m^3	4.9322
7	010402001003	矩形柱 1. 柱截面尺寸:截面周长在 1.8m 以上 2. 混凝土强度等级:C25 3. 混凝土拌和料要求:商品混凝土	m^3	7.996
	换 B4-1	C20 混凝土非现场搅拌	m^3	7.996
8	010403004001	圈梁 1. 混凝土强度等级:C25 2. 混凝土拌和料要求:商品混凝土	m^3	1.1558
	换 B4-1	C20 混凝土非现场搅拌	m^3	1.1558
9	010403005001	过梁 1. 混凝土强度等级:C25 2. 混凝土拌和料要求:商品混凝土	m^3	0.0547
	换 B4-1	C20 混凝土非现场搅拌	m^3	0.0547
10	010404001007	直形墙 1. 混凝土强度等级:C25 2. 混凝土拌和料要求:商品混凝土 3. 部位:电梯井壁 4. 墙厚:300mm 以内	m^3	2.3275
	换 B4-1	C20 混凝土非现场搅拌	m^3	2.3275

续表

序号	编码	项目名称	单位	工程量
11	010404001009	直形墙 1. 混凝土强度等级:C25 2. 混凝土拌和料要求:商品混凝土 3. 部位:电梯井壁 4. 墙厚:200mm 以内	m^3	4.5695
	换 B4-1	C20 混凝土非现场搅拌	m^3	4.5695
12	010405001004	有梁板 1. 混凝土强度等级:C25 2. 混凝土拌和料要求:商品混凝土 3. 板厚:100mm 以上	m^3	11.4339
	换 B4-1	C20 混凝土非现场搅拌	m^3	11.4339
13	010405001007	有梁板 1. 混凝土强度等级:C25 2. 混凝土拌和料要求:商品混凝土 3. 部位:坡屋面 4. 板厚:100mm 以上	m^3	7.7277
	换 B4-1	C20 混凝土非现场搅拌	m^3	7.7277
14	010405003001	平板 1. 混凝土强度等级:C25(20) 2. 混凝土拌和料要求:商品混凝土 3. 部位:电梯井 4. 板厚:100mm 以上	m^3	1.2015
	换 B4-1	C20 混凝土非现场搅拌	m^3	1.2015
15	010405003002	平板 1. 混凝土强度等级:C25 2. 混凝土拌和料要求:商品混凝土 3. 部位:电梯井 4. 板厚:100mm 以上 5. 部位:排烟风道	m^3	0.2444
	换 B4-1	C20 混凝土非现场搅拌	m^3	0.2444
16	010405007001	天沟、挑檐板 1. 混凝土强度等级:C25 2. 混凝土拌和料要求:商品混凝土 3. 板厚:100mm 以上	m^3	2.9633
	换 B4-1	C20 混凝土非现场搅拌	m^3	2.9633

续表

序号	编码	项目名称	单位	工程量
17	010407001001	其他构件 1. 混凝土强度等级:C25 2. 混凝土拌和料要求:商品混凝土 3. 部位:女儿墙压顶(直形)	m^3	4.9518
	换 B4-1	C20 混凝土非现场搅拌	m^3	4.9518
18	010407001002	其他构件 1. 混凝土强度等级:C25 2. 混凝土拌和料要求:商品混凝土 3. 部位:女儿墙压顶(弧形)	m^3	2.1529
	换 B4-1	C20 混凝土非现场搅拌	m^3	2.1529
19	010702001002	屋面 1. 保护层:8~10 厚 600×600 防滑地砖铺平拍实,缝宽 5~8mm,1:1水泥砂浆填缝 2. 找平层:25 厚 1:3水泥砂浆加建筑胶找平层 3. 防水层:刷基层处理剂后,1.5 厚 SBS 高聚物改性沥青防水卷材两道 4. 保温层:30 厚聚苯乙烯泡沫塑料板 5. 找坡层:1:6水泥焦渣找坡按最薄处 30 厚 6. 部位:屋面 1(铺块材上人屋面)	m^2	753.546
	9-27	改性沥青卷材热熔法	$100m^2$	7.9169
	换 8-21	20 厚 1:3水泥砂浆找平在填充材料上	m^2	753.546
	8-22	找平层,水泥砂浆找平每增减 5mm	$100m^2$	7.5355
	9-53	30 厚挤塑聚苯板厚	$10m^3$	75.3546
	10-70	地板砖楼地面 规格(mm) 600×600	$100m^2$	7.5355
	9-56	1:6水泥焦渣找坡	$10m^3$	2.2606
20	010702001001	屋面 1. 防水层:1.5 厚聚氨酯涂膜防水层 2. 找平层:25 厚 1:3水泥砂浆找平层 3. 找坡层:1:6水泥焦渣找坡最薄处 30 厚 4. 部位:屋面 2、屋面 3	m^2	118.3521
	换 8-21	20 厚 1:3水泥砂浆找平在填充材料上	m^2	118.3521
	8-22	找平层,水泥砂浆找平每增减 5mm	$100m^2$	1.1835
	9-106	非焦油聚氨酯涂膜,涂膜厚 1.5mm 平面	$100m^2$	1.1835
	9-56	1:6水泥焦渣找坡	$10m^3$	0.3551

续表

序号	编码	项目名称	单位	工程量
21	010703002002	烟道顶板防水 1.1:3水泥砂浆找平 2.1.5厚聚氨酯涂膜防水层	m^2	4.0736
	9-106	非焦油聚氨酯涂膜,涂膜厚1.5mm平面	$100m^2$	0.0407
	换8-21	20厚1:3水泥砂浆找平在填充材料上	m^2	4.0736
	8-22×2	找平层,水泥砂浆找平每增减5mm子目乘以系数2	$100m^2$	0.0407
22	020203001001	零星项目一般抹灰 1.6厚1:2.5水泥砂浆 2.14厚1:3水泥砂浆 3.压顶	m^2	92.8841
	10-256	水泥砂浆 零星项目	$100m^2$	0.9288
23	020402007002	钢质防火门 成品钢质乙级防火门,含五金	m^2	5.04
	10-972	成品门安装钢防火门	$100m^2$	0.0504
24	020406007001	塑钢窗 塑钢平开窗、上悬窗,含玻璃及配件	m^2	10.8
	10-965	成品窗安装塑钢平开窗	$100m^2$	0.108
25	020406007002	塑钢窗 塑钢纱扇,含配件	m^2	10.8
	10-967	成品窗安装塑钢纱窗扇	$100m^2$	0.108
26	020506002001	抹灰线条油漆 1.刷乳胶漆两遍 2.部位:压顶	m	147.7619
	10-1337	刷乳胶漆 腰线及其他 两遍	100m	1.4776

知识拓展

(1)线性构件起点顶标高与终点顶标高不一样时,如图7.10所示的梁就是这种情况,如果这样的梁不在斜板下,就不能应用“平齐板顶”,需要对梁的起点顶标高和终点顶标高进行编辑,以达到图纸上的设计要求。

单击键盘上的“~”键,显示构件的图元方向。选中梁,单击“属性”,如图7.16所示,注意梁的起点顶标高和终点顶标高都是顶板顶标高。假设梁的起点顶标高为18.6m,对这道梁构件的属性进行编辑,如图7.17所示,单击“三维”查看三维效果,如图7.18所示。

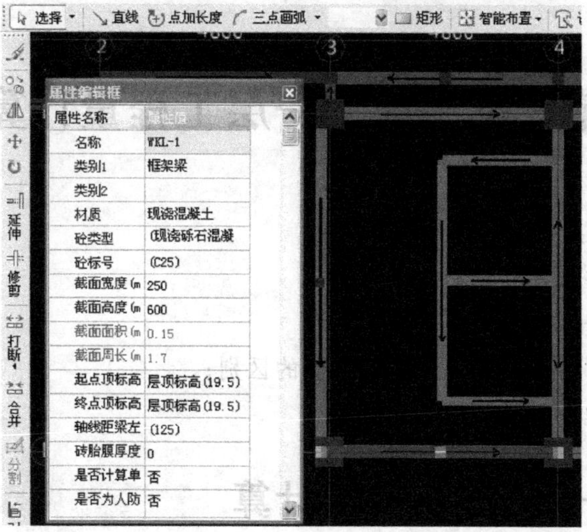

图7.16

图7.17

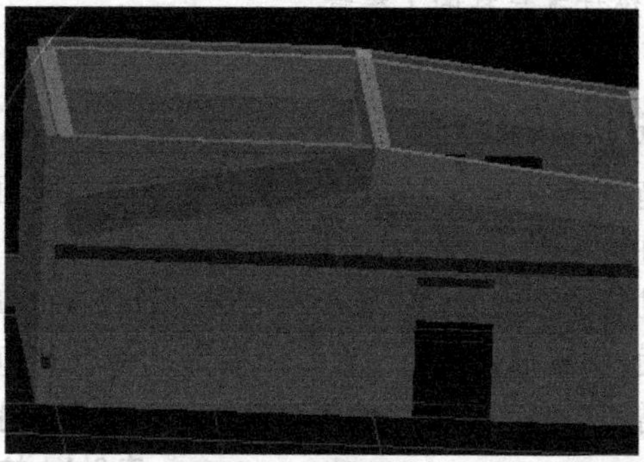

图7.18

(2)通过对陕西省定额第4章的学习知道，机房屋面板凸出墙面的部分应套挑檐、天沟。绘制好屋面板后进行分割，右键修改构件图元名称，做法套用如图7.19所示。

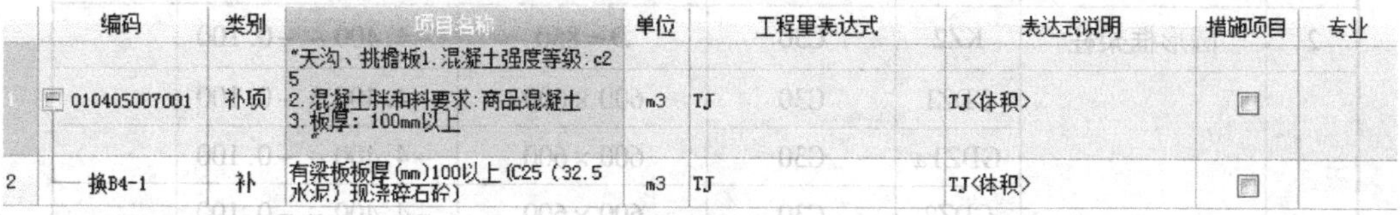

	编码	类别	项目名称	单位	工程量表达式	表达式说明	措施项目	专业
1	010405007001	补项	"天沟、挑檐板1.混凝土强度等级：c25 2.混凝土拌和料要求：商品混凝土 3.板厚：100mm以上	m3	TJ	TJ<体积>	☐	
2	换B4-1	补	有梁板板厚(mm)100以上(C25 (32.5水泥) 现浇碎石砼)	m3	TJ	TJ<体积>	☐	

图7.19

(3)注意电梯顶板标高为17.4m，可以利用分层来处理，如图7.20所示。

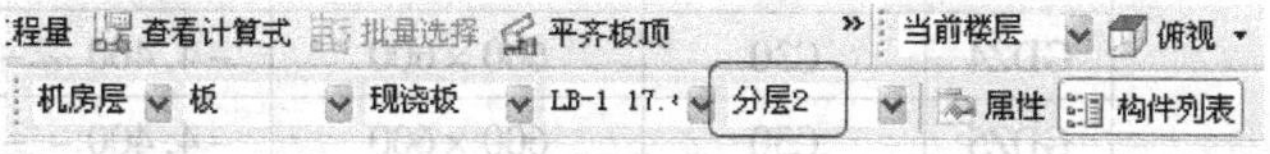

图7.20

第8章 地下一层工程量计算

通过本章学习,你将能够:
(1)分析地下层所要计算哪些构件;
(2)各构件需要计算哪些工程量;
(3)地下层构件与其他层构件定义与绘制的区别;
(4)计算并统计地下一层工程量。

8.1 地下一层柱的工程量计算

通过本节学习,你将能够:
(1)分析本层归类到剪力墙的构件;
(2)掌握异形柱的属性定义及做法套用功能;
(3)绘制异形柱图元;
(4)统计本层柱的工程量。

1)分析图纸

结施-4 及结施-6,可以从柱表中得到柱的截面信息,本层包括矩形框架柱、圆形框架柱及异形端柱。

③轴与④轴间以及⑦轴上的 GJZ1、GJZ2、GYZ1、GYZ2、GYZ3、GAZ1,上述柱构件包含在剪力墙里面,图形算量时属于剪力墙内部构件,归到剪力墙里面,在绘图时不需要单独绘制,所以本层需要绘制的柱的主要信息如表 8.1 所示,端柱处理方法同首层。

表 8.1 柱表

序号	类型	名称	混凝土标号	截面尺寸(mm)	标高	备注
1	矩形框架柱	KZ1	C30	600×600	-4.400 ~ -0.100	
2	圆形框架柱	KZ2	C30	$D=850$	-4.400 ~ -0.100	
3	异形端柱	GDZ1	C30	600×600	-4.400 ~ -0.100	
		GDZ1a	C30	600×600	-4.400 ~ -0.100	
		GDZ2	C30	600×600	-4.400 ~ -0.100	
		GDZ3	C30	600×600	-4.400 ~ -0.100	
		GDZ3a	C30	600×600	-4.400 ~ -0.100	
		GDZ4	C30	600×600	-4.400 ~ -0.100	
		GDZ5	C30	600×600	-4.400 ~ -0.100	
		GDZ6	C30	600×600	-4.400 ~ -0.100	

2)做法套用

地下一层柱的做法,可以将一层柱的做法利用做法刷功能复制过来。步骤如下:

①将 GDZ1 按照图 8.1 套用好做法,选择“GDZ1”→单击定义→选择“GDZ1”的做法→单击“做法刷”。

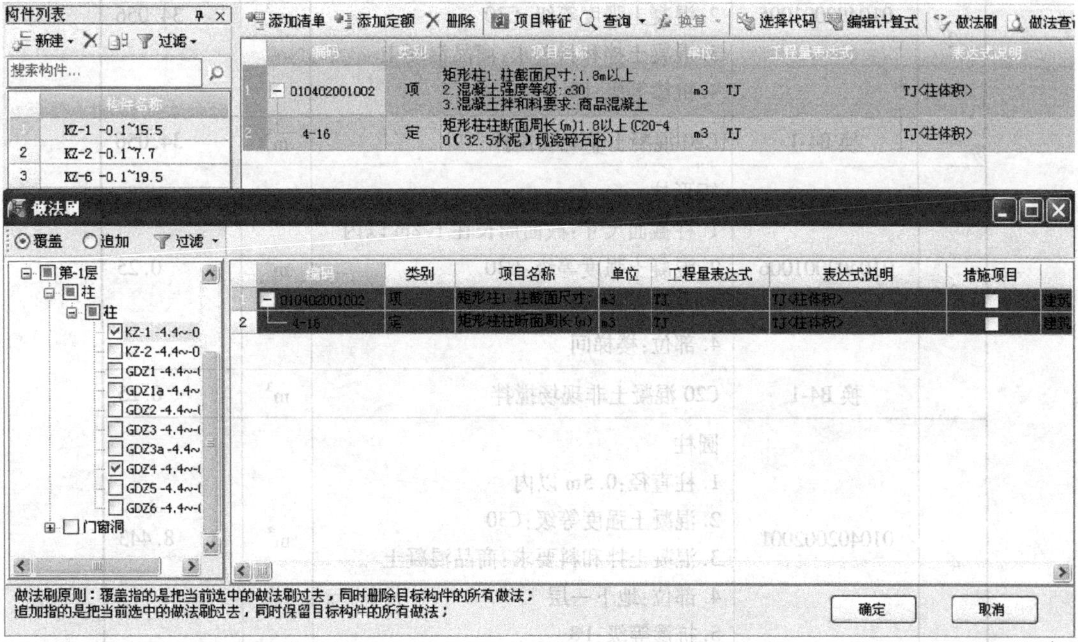

图 8.1

②弹出“做法刷”对话框,选择“负 1 层”→选择“柱”→选择与首层 GDZ1 做法相同的柱,单击“确定”即可将本层与首层 GDZ1 做法相同的柱定义好做法。

③可使用上述相同方法,将剩下的柱子套用做法。

工程实战

汇总地下一层柱实柱工程量。

设置报表范围时,选择地下一层实柱,其实体工程量如表 8.2 所示。请读者与自己的结果进行核对,如果不同,请找出原因并进行修改。

表 8.2　地下一层柱清单定额量

序号	编码	项目名称	单位	工程量
1	010402001002	矩形柱 1. 柱截面尺寸:截面周长在 1.8m 以上 2. 混凝土强度等级:C30 3. 混凝土拌和料要求:商品混凝土 4. 抗渗等级:P8	m^3	24.768
	换 B4-1	C20 混凝土非现场搅拌	m^3	24.768

续表

序号	编码	项目名称	单位	工程量
2	010402001005	矩形柱 1. 柱截面尺寸:截面周长在 1.8m 以上 2. 混凝土强度等级:C30 3. 混凝土拌和料要求:商品混凝土 4. 抗渗等级:P8	m^3	34.056
	换 B4-1	C20 混凝土非现场搅拌	m^3	34.056
3	010402001006	矩形柱 1. 柱截面尺寸:截面周长在 1.2m 以内 2. 混凝土强度等级:C30 3. 混凝土拌和料要求:商品混凝土 4. 部位:楼梯间	m^3	0.25
	换 B4-1	C20 混凝土非现场搅拌	m^3	0.25
4	010402002001	圆柱 1. 柱直径:0.5m 以内 2. 混凝土强度等级:C30 3. 混凝土拌和料要求:商品混凝土 4. 部位:地下一层 5. 抗渗等级:P8	m^3	8.443
	换 B4-1	C20 混凝土非现场搅拌	m^3	8.443
5	010402002003	圆柱 1. 柱直径:0.5m 以上 2. 混凝土强度等级:C30 3. 混凝土拌和料要求:商品混凝土	m^3	4.8801
	换 B4-1	C20 混凝土非现场搅拌	m^3	4.8801

知识拓展

(1)有些地区的端柱是全部并到剪力墙里面的,像本层 GDZ3、GDZ5、GDZ6 的属性定义,在参数化端柱里面找不到类似的参数图,此时需要用另一种方法定义。介绍首层时讲到软件除了建立矩形、圆形柱外,还可以建立异形柱,因此这些柱需要在异形柱里面建立。

①首先根据柱的尺寸需要定义网格,单击“新建异形柱”,在弹出的窗口中输入想要的网格尺寸,单击“确定”按钮即可,如图 8.2 所示。

②用画直线或画弧线的方式绘制想要的参数图,以 GDZ3 为例,如图 8.3 所示。

(2)在新建异形柱时,绘制异形图有一个原则,就是不管是直线还是弧线,需要一次围成封闭区域,围成封闭区域以后不能在这个网格上再绘制任何图形。

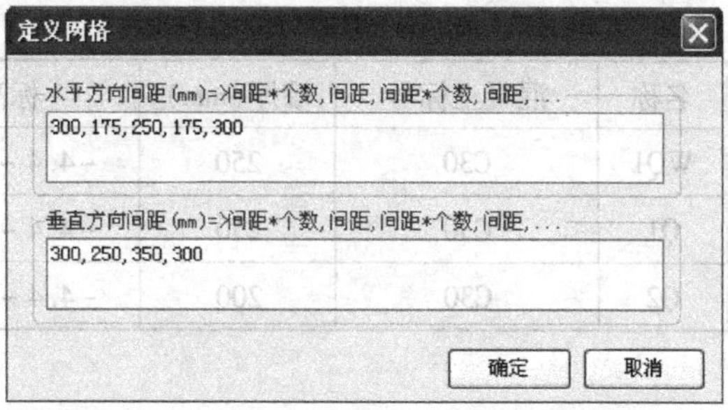

图8.2

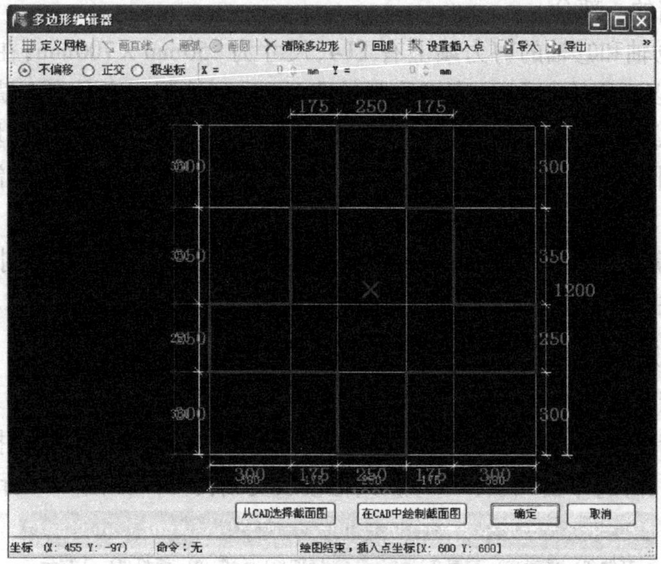

图8.3

(3)本层GDZ5在异形柱里是不能精确定义的,很多人在绘制这个图时会产生错觉,认为绘制直线再绘制弧线就行了,其实不是,图纸给的尺寸是矩形部分边线到圆形部分切线的距离为300mm,并非到与弧线的交点处为300mm,如果要精确绘制必须先将这个距离手算出来,然后定义网格才能绘制。在这里也可以变通一下,定义一个圆形柱即可。

8.2 地下一层剪力墙的工程量计算

通过本节学习,你将能够:
(1)分析本层归类到剪力墙的构件;
(2)熟练运用构件的层间复制与做法刷功能;
(3)绘制剪力墙图元;
(4)统计本层剪力墙的工程量。

1)分析图纸

(1)分析剪力墙

分析结施-4,可得到如表8.3所示剪力墙信息。

表 8.3　地下一层剪力墙墙身表

序号	类型	名称	混凝土标号	墙厚(mm)	标高	备注
1	外墙	WQ1	C30	250	-4.4 ~ -0.1	
2	内墙	Q1	C30	250	-4.4 ~ -0.1	
3	内墙	Q2	C30	200	-4.4 ~ -0.1	

(2)分析连梁

连梁是剪力墙的一部分。

①结施-4 中⑨轴和⑪轴的剪力墙上有 LL4,尺寸为 250mm×700mm;在剪力墙里连梁是归到墙里面的,所以不用绘制 LL4,直接绘制外墙 WQ1,到绘制门窗时点上墙洞即可。

②结施-4 中④轴和⑦轴的剪力墙上有 LL1、LL2、LL3,连梁下方有门和墙洞,在绘制墙时可以直接通长绘制墙,不用绘制 LL1、LL2、LL3,到绘制门窗时将门和墙洞绘制上即可。

(3)分析暗梁、暗柱

暗梁、暗柱是剪力墙的一部分,结施-4 中的暗梁布置图就不再进行绘制,类似 GAZ1 这种和墙厚一样的暗柱,此位置的剪力墙通长绘制,GAZ1 不再进行绘制。

2)剪力墙的定义

①本层剪力墙的定义与首层相同,参照首层剪力墙的定义。

②本层剪力墙也可不重新定义,而是将首层剪力墙构件复制过来,具体操作步骤如下:

a. 切换到绘图界面,单击“构件”→“从其他楼层复制构件”,如图 8.4 所示。

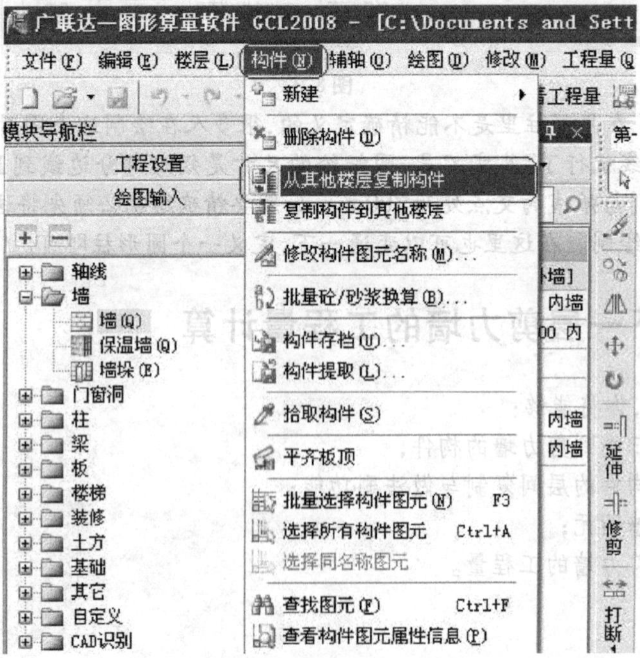

图 8.4

b. 弹出如图 8.5 所示“从其他楼层复制构件”对话框,选择源楼层和本层需要复制的构件，勾选"同时复制构件做法"，单击"确定"按钮即可，但⑨轴与⑪轴间的200mm厚混凝土墙没有复制过来，需要重新建立属性，这样本层的剪力墙就全部建好了。

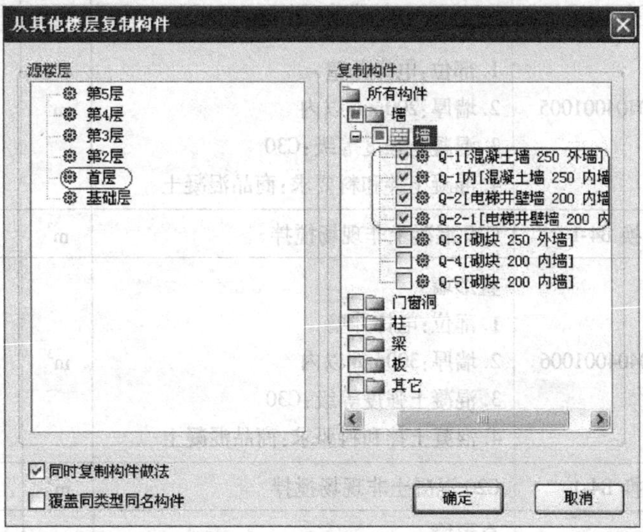

图8.5

工程实战

(1)参照上述方法重新定义并绘制本层剪力墙。

(2)汇总地下一层剪力墙工程量。

设置报表范围时，选择地下一层剪力墙，其实体工程量如表8.4所示。请读者与自己的结果进行核对，如果不同，请找出原因并进行修改。

表8.4 地下一层剪力墙清单定额量

序号	编码	项目名称	单位	工程量
1	010404001001	直形墙 1.混凝土强度等级:C30 2.混凝土拌和料要求:商品混凝土 3.部位:地下室 4.抗渗等级:P8 5.墙厚:300mm以内	m^3	138.2241
	换B4-1	C20混凝土非现场搅拌	m^3	138.2241
2	010404001004	直形墙 1.混凝土强度等级:C30 2.混凝土拌和料要求:商品混凝土 3.墙厚:300mm以内 4.部位:坡道处 5.抗渗等级:P8	m^3	3.5066
	换B4-1	C20混凝土非现场搅拌	m^3	3.5066

续表

序号	编码	项目名称	单位	工程量
3	010404001005	直形墙 1. 部位:电梯井壁 2. 墙厚:200mm 以内 3. 混凝土强度等级:C30 4. 混凝土拌和料要求:商品混凝土	m^3	10.1265
	换 B4-1	C20 混凝土非现场搅拌	m^3	10.1265
4	010404001006	直形墙 1. 部位:电梯井壁 2. 墙厚:300mm 以内 3. 混凝土强度等级:C30 4. 混凝土拌和料要求:商品混凝土	m^3	5.2675
	换 B4-1	C20 混凝土非现场搅拌	m^3	5.2675
5	010404001008	直形墙 1. 墙厚:300mm 以内 2. 混凝土强度等级:C30 3. 混凝土拌和料要求:商品混凝土	m^3	23.7575
	换 B4-1	C20 混凝土非现场搅拌	m^3	23.7575
6	010404001003	直形墙 1. 混凝土强度等级:C30 2. 混凝土拌和料要求:商品混凝土 3. 墙厚:200mm 以内 4. 部位:坡道处 5. 抗渗等级:P8	m^3	6.2883
	换 B4-1	C20 混凝土非现场搅拌	m^3	6.2883

知识拓展

本层剪力墙的外墙,大部分都偏往轴线外 175mm,如果每段墙都用偏移方法绘制比较麻烦、费时。我们知道在 8.1 节里柱的位置是固定好的,因此在这里可以先在轴线上绘制外剪力墙,绘制完后利用"单对齐"功能将墙的外边线与柱的外边线对齐即可。

8.3 地下一层梁、板、填充墙的工程量计算

通过本节学习,你将能够:

统计本层梁、板及填充墙的工程量。

分析图纸

①分析结施-7，从左至右从上至下，本层有框架梁、非框架梁、悬挑梁3种。框架梁KL1～KL6、非框架梁L1～L12、悬挑梁XTL1的主要信息如表8.5所示。

表8.5 地下一层梁表

序号	类型	名称	混凝土标号	截面尺寸(mm)	顶标高	备注
		KL1	C30	250×500 250×650	层顶标高	与首层相同
		KL2	C30	250×500 250×650	层顶标高	与首层相同
1	框架梁	KL3	C30	250×500	层顶标高	属性相同位置不同
		KL4	C30	250×500	层顶标高	属性相同位置不同
		KL5	C30	250×500	层顶标高	属性相同位置不同
		KL6	C30	250×650	层顶标高	属性相同位置不同
		L1	C30	250×500	层顶标高	属性相同位置不同
		L2	C30	250×500	层顶标高	属性相同位置不同
		L3	C30	250×500	层顶标高	属性相同位置不同
		L4	C30	250×500	层顶标高	属性相同位置不同
		L5	C30	250×600	层顶标高	与首层相同
2	非框架梁	L6	C30	250×400	层顶标高	与首层相同
		L7	C30	250×600	层顶标高	与首层相同
		L8	C30	200×400	层顶标高－0.05	与首层相同
		L9	C30	250×600	层顶标高－0.05	与首层相同
		L10	C30	250×400	层顶标高	与首层相同
		L11	C30	250×400	层顶标高	属性相同位置不同
		L12	C30	250×300	层顶标高	属性相同位置不同
3	悬挑梁	XTL1	C30	250×500	层顶标高	与首层相同

②分析结施-11，可以从板平面图中得到板的截面信息，如表8.6所示。

表8.6 地下一层板表

序号	类型	名称	混凝土标号	板厚h(mm)	板顶标高	备注
1	楼板	LB1	C30	180	层顶标高－0.05	
2	其他板	YXB1	C30	180	层顶标高	

③分析建施-0、建施-2、建施-9，可得到填充墙的信息，如表8.7所示。

表 8.7　地下一层填充墙表

序号	类型	砌筑砂浆	材质	墙厚(mm)	标高	备注
1	砌块内墙	M5 混合砂浆	加气混凝土砌块	200	-4.4 ~ -0.1	

地下一层梁、板、填充墙的属性定义、做法套用等操作同首层梁、板、墙的操作方法,请读者自行绘制。

工程实战

(1)绘制梁、板、填充墙图元。

(2)汇总梁、板、填充墙的工程量。

设置报表范围时,选择地下一层梁、板、填充墙,它们的实体工程量如表 8.8 所示。请读者与自己的结果进行核对,如果不同,请找出原因并进行修改。

表 8.8　地下一层梁、板、填充墙清单定额量

序号	编码	项目名称	单位	工程量
1	010304001001	空心砖墙、砌块墙 1. 墙体厚度:200mm 2. 空心砖、砌块品种、规格、强度等级:加气混凝土砌块 3. 砂浆强度等级、配合比:M10 混合砂浆	m^3	67.797
	3-46	加气 混凝土块墙(M10 混合砌筑砂浆)	$10m^3$	6.7639
2	010304001005	空心砖墙、砌块墙 1. 墙体厚度:100mm 2. 空心砖、砌块品种、规格、强度等级:加气混凝土砌块 3. 砂浆强度等级、配合比:M10 混合砂浆	m^3	2.4343
	3-46	加气 混凝土块墙(M10 混合砌筑砂浆)	$10m^3$	0.2428
3	010405001002	有梁板 1. 板厚度:100mm 以上 2. 混凝土强度等级:C30 3. 混凝土拌和料要求:商品混凝土	m^3	195.1456
	换 B4-1	C20 混凝土非现场搅拌	m^3	195.1456

8.4　地下一层门洞口、圈梁、构造柱的工程量计算

通过本节学习,你将能够:

统计地下一层的门洞口、圈梁、构造柱工程量。

1)分析图纸

分析建施-2、结施-4,可得到地下一层门洞口信息,如表 8.9 所示。

表 8.9 地下一层门洞口表

序号	名称	数量(个)	宽(mm)	高(mm)	离地高度(mm)	备注
1	M1	2	1000	2100	700	
2	M2	2	1500	2100	700	
3	JFM1	1	1000	2100	700	
4	JFM2	1	1800	2100	700	
5	YFM1	1	1200	2100	700	
6	JXM1	1	550	2000	700	
7	JXM2	1	1200	2000	700	
8	电梯门洞	2	1200	2100	700	
9	走廊洞口	2	1800	2800	700	
10	⑦轴墙洞	1	2000	2800	700	
11	消火栓箱	1	750	1650	850	

2)门洞口属性定义与做法套用

门洞口的属性定义与做法套用同首层。下面是与首层不同的地方,请注意:

①本层 M1、M2、YFM1、JXM1、JXM2 与首层属性相同,只是离地高度不一样,可以将构件复制过来,根据图纸内容修改离地高度即可。复制构件的方法同前述,这里不再细述。

②本层 JFM1、JFM2 是甲级防火门,与首层 YFM1 乙级防火门的属性定义相同。

工程实战

(1)完成本节门洞口、圈梁、构造柱图元的绘制。

(2)汇总地下一层门洞口、圈梁、构造柱的工程量。

设置报表范围时,选择地下一层门洞口、圈梁、构造柱,它们的实体工程量如表 8.10 所示。请读者与自己的结果进行核对,如果不同,请找出原因并进行修改。

表 8.10 地下一层门洞口、圈梁、构造柱清单定额量

序号	编码	项目名称	单位	工程量
1	010402001001	构造柱 1. 混凝土强度等级:C25 2. 混凝土拌和料要求:商品混凝土	m^3	3.3806
	换 B4-1	C20 混凝土非现场搅拌	m^3	3.3806

续表

序号	编码	项目名称	单位	工程量
2	010403004001	圈梁 1. 混凝土强度等级：C25 2. 混凝土拌和料要求：商品混凝土	m^3	1.1226
	换 B4-1	C20 混凝土非现场搅拌	m^3	1.1226
3	020401003001	实木装饰门 1. 部位：M1、M2 2. 类型：实木成品豪华装饰门（带框），含五金	m^2	10.5
	7-24	木门框（有亮）安装	$100m^2$	0.105
4	020401006001	木质防火门 成品木质丙级防火门，含五金	m^2	5.9
	10-973	成品木质防火门安装	$100m^2$	0.059
5	020402007001	钢质防火门 成品钢质甲级防火门，含五金 成品钢质甲级防火门，含五金	m^2	5.88
	10-972	成品门安装钢防火门	$100m^2$	0.0588
6	020402007002	钢质防火门 成品钢质乙级防火门，含五金 成品钢质乙级防火门，含五金	m^2	2.52
	10-972	成品门安装钢防火门	$100m^2$	0.0252

8.5 地下室后浇带、坡道与地沟的工程量计算

通过本节学习，你将能够：

(1) 定义坡道、地沟；

(2) 统计后浇带、坡道与地沟的工程量。

1) 分析图纸

①分析结施-7，可以从板平面图中得到后浇带的截面信息。本层只有一条后浇带，后浇带宽度为800mm，分布在⑤轴与⑥轴之间，距离⑤轴的距离为1000mm，可从首层复制。

②在坡道的底部和顶部均有一个截面为600mm×700mm的截水沟。

③坡道的板厚为200mm，垫层厚度为100mm。

2) 构件属性定义

(1) 坡道的属性定义

①定义一块筏板基础，标高暂定为层底标高，如图8.6所示。

②定义一个面式垫层,如图 8.7 所示。

属性编辑框

属性名称	属性值	附加
名称	坡道	
类别		☐
材质	现浇混凝	☐
厚度(mm)	200	☐
砼类型	(现浇砾石	☐
砼标号	(C20)	☐
底标高(m)	层底标高	☐
砖胎膜厚度(mm	0	☐
备注		☐

图 8.6

属性编辑框

属性名称	属性值	附加
名称	DC-1	
材质	现浇混凝	☐
砼类型	(现浇砾石	☐
砼标号	(C15)	☐
形状	面型	☐
厚度(mm)	100	☐
顶标高(m)	基础底标	☐
备注		☐

图 8.7

(2)截水沟的属性定义

软件建立地沟时,默认地沟由 4 个部分组成,因此要建立一个完整的地沟需要建立 4 个地沟单元,分别为地沟底板、顶板与两个侧板。

①单击定义矩形地沟单元,此时定义的为截水沟的底板,属性根据结施-3 定义,如图 8.8 所示。

②单击定义矩形地沟单元,此时定义的为截水沟的顶板,属性根据结施-3 定义,如图 8.9 所示。

属性编辑框

属性名称	属性值	附加
名称	DG-1-1	
类别	底板	☑
材质	现浇混凝	☐
砼类型	(现浇砾石	☐
砼标号	(C20)	☐
截面宽度(mm)	600	☐
截面高度(mm)	100	☐
截面面积(m2)	0.06	☐
相对底标高(m)	0	☐
相对偏心距(mm	0	☐
备注		☐

图 8.8

属性编辑框

属性名称	属性值	附加
名称	DG-1-2	
类别	盖板	☑
材质	现浇混凝	☐
砼类型	(现浇砾石	☐
砼标号	(C20)	☐
截面宽度(mm)	500	☐
截面高度(mm)	50	☐
截面面积(m2)	0.025	☐
相对底标高(m)	0.65	☐
相对偏心距(mm	0	☐
备注		☐

图 8.9

③单击定义矩形地沟单元,此时定义的为截水沟的右侧板,属性根据结施-3 定义,如图 8.10所示。

④单击定义矩形地沟单元,此时定义的为截水沟的左侧板,属性根据结施-3 定义,如图 8.11所示。

属性编辑框

属性名称	属性值	附加
名称	DG-1-3	
类别	侧壁	☑
材质	现浇混凝	☐
砼类型	(现浇砾石	☐
砼标号	(C20)	☐
截面宽度(mm)	100	☐
截面高度(mm)	700	☐
截面面积(m2)	0.07	☐
相对底标高(m)	0	☐
相对偏心距(mm	250	☐
备注		☐

图 8.10

属性编辑框

属性名称	属性值	附加
名称	DG-1-4	
类别	侧壁	☑
材质	现浇混凝	☐
砼类型	(现浇砾石	☐
砼标号	(C20)	☐
截面宽度(mm)	100	☐
截面高度(mm)	700	☐
截面面积(m2)	0.07	☐
相对底标高(m)	0	☐
相对偏心距(mm	-250	☐
备注		☐

图 8.11

3)做法套用

①坡道的做法套用,如图8.12所示。

	编码	类别	项目名称	单位	工程量表达式	表达式说明	措施项目	专业
1	010407002002	项	坡道 1.200厚C25混凝土 2.3.0厚两层SBS改性沥青 3.100厚C15混凝土垫层	m2	TJ/0.2	TJ<体积>/0.2	☐	建筑工程
2	8-26	定	水泥砂浆礓礤坡道	m2	TJ/0.2	TJ<体积>/0.2	☐	土建
3	010401003001	项	"满堂基础1.混凝土强度等级:C20 2.混凝土拌和料要求:商品混凝土 3.基础类型:无梁式满堂基础 4.抗渗等级:P8 5.部位:坡道 "	m3	TJ	TJ<体积>	☐	建筑工程
4	B4-1	定	C20混凝土非现场搅拌	m3	TJ	TJ<体积>	☐	土建
5	010703001001	项	卷材防水 1.3.0厚两层SBS改性沥青防水 2.部位:坡道处	m2	DBMJ	DBMJ<底部面积>	☐	建筑工程
6	9-80	定	改性沥青卷材热熔法平面	m2	DBMJ	DBMJ<底部面积>	☐	土建

图8.12

②坡道垫层的做法套用,如图8.13所示。

	编码	类别	项目名称	单位	工程量表达式	表达式说明	措施项目	专业
1	010401006001	项	"垫层1.混凝土强度等级:C15 2.混凝土拌合料要求:商品混凝土 "	m3	TJ	TJ<体积>	☐	建筑工程
2	换B4-1	补	C20混凝土非现场搅拌	m3	TJ	TJ<体积>	☐	土建

图8.13

③地沟盖板的做法套用,如图8.14所示;地沟的做法套用,如图8.15所示。

	编码	类别	项目名称	单位	工程量表达式	表达式说明	措施项目	专业
1	010412008001	项	沟盖板、井盖板、井圈	m3	TJ	TJ<体积>	☐	建筑工程
2	6-87	定	铸铁盖板安装地沟(1:3水泥砂浆)	m3	TJ	TJ<体积>	☐	土建

图8.14

	编码	类别	项目名称	单位	工程量表达式	表达式说明	措施项目	专业
1	010407003001	项	"电缆沟、地沟1.混凝土强度等级:C 20 2.混凝土拌合料要求:商品混凝土 3.部位及详细尺寸:见图纸 "	m3	TJ	TJ<体积>	☐	建筑工程
2	B4-1	定	C20混凝土非现场搅拌	m3	TJ	TJ<体积>	☐	土建
3	020203001002	项	"零星项目一般抹灰1.20厚1:2.5防水水泥砂浆,分三次抹平,内掺3%防水剂 2.部位:集水坑及截水沟内 "	m2	MHMJ	MHMJ<抹灰面积>	☐	装饰装修工程
4	10-256	定	水泥砂浆 零星项目	m2	MHMJ	MHMJ<抹灰面积>	☐	土建

图8.15

4)画法讲解

①后浇带画法参照前面后浇带画法。

②地沟使用直线绘制即可。

③坡道:

a.按图纸尺寸绘制上述定义的板和垫层。

b.利用"三点定义斜板"绘制⑨~⑪轴坡道处的现浇板。

工程实战

(1)用上述方法重新定义绘制本层的坡道与截水沟构件图元。

(2)汇总地下室后浇带、坡道与地沟工程量。

设置报表范围时,选择地下室后浇带、坡道与地沟,它们的实体工程量如表8.11所示。请读者与自己的结果进行核对,如果不同,请找出原因并进行修改。

表8.11 地下室后浇带、坡道与地沟清单定额量

序号	编码	项目名称	单位	工程量
1	010401003001	满堂基础 1.混凝土强度等级:C20 2.混凝土拌和料要求:商品混凝土 3.基础类型:无梁式满堂基础 4.抗渗等级:P8 5.部位:坡道	m^3	11.1769
	B4-1	C20混凝土非现场搅拌	m^3	11.1769
2	010401006001	垫层 1.混凝土强度等级:C15 2.混凝土拌和料要求:商品混凝土	m^3	5.9142
	换B4-1	C20混凝土非现场搅拌	m^3	5.9142
3	010407002002	坡道 1.200厚C25混凝土 2.3厚两层SBS改性沥青 3.100厚C15混凝土垫层	m^2	55.8843
	8-26	水泥砂浆坡道	$100m^2$	0.5588
4	010407003001	电缆沟、地沟 1.混凝土强度等级:C20 2.混凝土拌和料要求:商品混凝土 3.部位及详细尺寸:见图纸	m	1.39
	B4-1	C20混凝土非现场搅拌	m^3	1.39
5	010408001004	后浇带 1.混凝土强度等级:C35(20) 2.混凝土拌和料要求:商品混凝土 3.部位:混凝土墙 4.抗渗等级:P8	m^3	5.3524
	换B4-1	C20混凝土非现场搅拌	m^3	5.3524
6	010412008001	沟盖板、井盖板、井圈	m^3(块、套)	0.1738
	6-87	铸铁盖板安装地沟(1:3水泥砂浆)	$10m^3$	0.0174

续表

序号	编码	项目名称	单位	工程量
7	010703001001	卷材防水 1.3 厚两层 SBS 改性沥青防水 2. 部位:坡道处	m^2	58.6204
	9-80	改性沥青卷材热熔法平面	$100m^2$	0.5862
8	020203001002	零星项目一般抹灰 1.20 厚 1:2.5 防水水泥砂浆,分 3 次抹平,内掺 3% 防水剂 2. 部位:集水坑及截水沟内	m^2	10.425
	10-256	水泥砂浆 零星项目	$100m^2$	0.1042

第 9 章　基础层工程量计算

通过本章学习，你将能够：
(1)分析基础层需要计算的内容；
(2)定义筏板、集水坑、基础梁、土方等构件；
(3)统计基础层工程量。

9.1　筏板、垫层与地下防水的工程量计算

通过本节学习，你将能够：
(1)依据定额、清单分析筏板、垫层的计算规则，确定计算内容；
(2)定义基础筏板、垫层、集水坑、负一层外墙侧壁防水；
(3)绘制基础筏板、垫层、集水坑、负一层外墙侧壁防水；
(4)统计基础筏板、垫层、集水坑以及负一层外墙侧壁防水的工程量。

1)分析图纸

①由结施-3 可知，本工程筏板厚度为 500mm，混凝土标号为 C30；由建施-0 中第 4 条防水设计可知，地下防水为防水卷材和混凝土自防水两道设防，筏板的混凝土为现浇抗渗混凝土 C30；由结施-1 第 8 条可知，抗渗等级为 P8；由结施-3 可知，筏板底标高为基础层底标高(-4.9m)。

②本工程基础垫层厚度为 100mm，混凝土标号为 C15，顶标高为基础底标高，出边距离为 100mm。

③本层有 JSK1 两个，JSK2 一个。

a. JSK1 截面为 2225mm×2250mm，坑板顶标高为 -5.5m，底板厚度为 800mm，底板出边宽度为 600mm，混凝土标号为 C30，放坡角度为 45°。

b. JSK2 截面为 1000mm×1000mm，坑板顶标高为 -5.4m，底板厚度为 500mm，底板出边宽度为 600mm，混凝土标号为 C30，放坡角度为 45°。

④集水坑垫层厚度为 100mm。

2)清单、定额计算规则学习

(1)清单计算规则学习

筏板、垫层清单计算规则如表 9.1 所示。

表9.1　筏板、垫层清单计算规则

编号	项目名称	单位	计算规则	备注
010401003	满堂基础	m^3	按设计图示尺寸以体积计算。不扣除构件内钢筋、预埋铁件和伸入承台基础的桩头所占体积	
010703001	卷材防水	m^2	按图示主墙间净空面积计算，扣除凸出地面的构筑物、设备基础等所占面积，不扣除间壁墙及单个0.3m^2以内的柱、垛、烟囱和孔洞所占面积	
010401006	垫层	m^3	同满堂基础	

(2)定额计算规则学习

筏板、垫层定额计算规则如表9.2所示。

表9.2　筏板、垫层定额计算规则

<table>
<tr><th>编号</th><th>项目名称</th><th>单位</th><th>计算规则</th><th>备注</th></tr>
<tr><td>B4-1</td><td>满堂基础混凝土有梁式</td><td>m³</td><td>按设计图示尺寸以体积计算</td><td></td></tr>
<tr><td>B4-1</td><td>基础垫层混凝土</td><td>m³</td><td>按设计图示尺寸以体积计算</td><td></td></tr>
<tr><td>8-23</td><td>楼地面、屋面找平层细石混凝土在硬基层上厚30mm</td><td>m²</td><td rowspan="5">楼地面按图示主墙间净空面积计算，扣除凸出地面的构筑物、设备基础等所占面积，不扣除间壁墙及单个0.3m² 以内的柱、垛、烟囱和孔洞所占面积；墙面按设计图示外墙中心线、内墙净长线长度乘以高度以面积计算</td><td></td></tr>
<tr><td>8-24</td><td>楼地面、屋面找平层细石混凝土厚度每增减5mm</td><td>m²</td><td></td></tr>
<tr><td>9-80</td><td>高聚物改性沥青卷材防水层(热熔)厚4mm平面</td><td>m²</td><td></td></tr>
<tr><td>9-81</td><td>高聚物改性沥青卷材防水层(热熔)厚4mm立面</td><td>m²</td><td></td></tr>
<tr><td>9-118</td><td>墙面贴聚苯乙烯泡沫板保护层</td><td>m²</td><td></td></tr>
</table>

3)属性定义

①筏板的属性定义，如图9.1所示。

②垫层的属性定义，如图9.2所示。

③集水坑的属性定义，如图9.3所示。

④负一层外墙侧壁防水定义。

负一层外墙防水,在墙中除了可以定义构件的混凝土做法,还可以定义外墙防水,工程量表达式可以根据图纸实际情况,结合软件工程量代码进行编辑。

属性编辑框

属性名称	属性值	附加
名称	FB-1	
类别		☐
材质	现浇混凝	☐
厚度(mm)	500	☐
砼类型	(现浇砾石	☐
砼标号	(C30)	☐
底标高(m)	层底标高	☐
砖胎膜厚度(mm	0	☐
备注		☐

图 9.1

属性编辑框

属性名称	属性值	附加
名称	筏板垫层	
材质	现浇混凝	☐
砼类型	(现浇砾石	☐
砼标号	(C15)	☐
形状	面型	☐
厚度(mm)	100	☐
顶标高(m)	基础底标	☐
备注		☐

图 9.2

属性编辑框

属性名称	属性值	附加
名称	JSK-1	
材质	现浇混凝	☐
砼类型	(现浇砾石	☐
砼标号	(C30)	☐
截面宽度(mm)	2225	☐
截面长度(mm)	2250	☐
坑底出边距离(	600	☐
坑底板厚度(mm	800	☐
坑板顶标高(m)	-5.5	☐
放坡输入方式	放坡角度	☐
放坡角度	45	☐
砖胎膜厚度(mm	0	☐
备注		☐

图 9.3

4)做法套用

①集水坑的做法套用,如图 9.4 所示。

	编码	类别	项目名称	单位	工程量表达式	表达式说明	措施项目	专业
1	010401003002	项	"满堂基础1.混凝土强度等级:C30 2.混凝土拌和料要求:商品混凝土 3.基础类型:有梁式满堂基础 4.抗渗等级:P8 "	m3	TJ	TJ<体积>	☐	建筑工程
2	换B4-1	补	C20混凝土非现场搅拌	m3	TJ	TJ<体积>	☐	
3	010703001002	项	"地下室底板防水1.50厚C20细石混凝土保护层 2.4mm厚SBS卷材 "	m2	DBSPMJ+DBXMMJ	DBSPMJ<底部水平面积>+DBXMMJ<底部斜面面积>	☐	建筑工程
4	8-23	定	找平层,细石砼找平层30mm厚	m2	DBSPMJ+DBXMMJ	DBSPMJ<底部水平面积>+DBXMMJ<底部斜面面积>	☐	土建
5	8-24 *4	换	楼地面、屋面找平层细石混凝土厚度每增减5mm(C20-16(32.5水泥)现浇碎石砼)子目乘以系数4	m2	DBSPMJ+DBXMMJ	DBSPMJ<底部水平面积>+DBXMMJ<底部斜面面积>	☐	土建
6	9-80	定	高聚物改性沥青卷材防水层厚4mm平面	m2	DBSPMJ+DBXMMJ	DBSPMJ<底部水平面积>+DBXMMJ<底部斜面面积>	☐	土建

图 9.4

②筏板基础的做法套用,如图 9.5 所示。

	编码	类别	项目名称	单位	工程量表达式	表达式说明	措施项目	专业
1	010401003002	项	"满堂基础1.混凝土强度等级:C30 2.混凝土拌和料要求:商品混凝土 3.基础类型:有梁式满堂基础 4.抗渗等级:P8 "	m3	TJ	TJ<体积>	☐	建筑工程
2	换B4-1	补	C20混凝土非现场搅拌	m3	TJ	TJ<体积>	☐	
3	010703001002	项	"地下室底板防水1.50厚C20细石混凝土保护层 2.4mm厚SBS卷材 "	m2	DBMJ	DBMJ<底部面积>	☐	建筑工程
4	8-23	定	找平层,细石砼找平层30mm厚	m2	DBMJ	DBMJ<底部面积>	☐	土建
5	8-24 *4	换	楼地面、屋面找平层细石混凝土厚度每增减5mm(C20-16(32.5水泥)现浇碎石砼)子目乘以系数4	m2	DBMJ	DBMJ<底部面积>	☐	土建
6	9-80	定	高聚物改性沥青卷材防水层厚4mm平面	m2	DBMJ	DBMJ<底部面积>	☐	土建
7	010703001003	项	"地下室侧壁防水1.4mm厚SBS卷材 2.30厚聚苯乙烯泡沫板保护层,建筑胶粘贴 "	m2	ZHMMJ+WQWCFBPMMJ	ZHMMJ<直面面积>+WQWCFBPMMJ<外墙外侧筏板平面面积>	☐	建筑工程
8	9-81	定	高聚物改性沥青卷材防水层厚4mm立面	m2	ZHMMJ+WQWCFBPMMJ	ZHMMJ<直面面积>+WQWCFBPMMJ<外墙外侧筏板平面面积>	☐	土建
9	9-118	定	墙面贴聚苯乙烯泡沫板保护层	m2	ZHMMJ+WQWCFBPMMJ	ZHMMJ<直面面积>+WQWCFBPMMJ<外墙外侧筏板平面面积>	☐	土建

图 9.5

③垫层的做法套用,如图9.6所示。

	编码	类别	项目名称	单位	工程量表达式	表达式说明	措施项目	专业
1	010401006001	项	"垫层1.混凝土强度等级:C15 2.混凝土拌合料要求:商品混凝土"	m3	TJ	TJ<体积>	☐	建筑工程
2	换B4-1	补	C20混凝土非现场搅拌	m3	TJ	TJ<体积>	☐	
3	010101003004	项	基底钎探	m2	TJ/0.1	TJ<体积>/0.1	☐	建筑工程
4	1-20	定	钻探及回填孔	m2	TJ/0.1	TJ<体积>/0.1	☐	土建

图9.6

④负一层外墙侧壁防水的做法套用,如图9.7所示。

	编码	类别	项目名称	单位	工程量表达式	表达式说明	措施项目	专业
1	010703001003	项	"地下室侧壁防水1.4mm厚SBS卷材 2.30厚聚苯乙烯泡沫板保护层,建筑胶粘贴 "	m2	BWCYSCD*(4.3-0.35)	BWCYSCD*(4.3-0.35)	☐	建筑工程
2	9-81	定	高聚物改性沥青卷材防水层厚4mm立面	m2	BWCYSCD*(4.3-0.35)	BWCYSCD<保温层原始长度>*(4.3-0.35)	☐	土建
3	9-118	定	墙面贴聚苯乙烯泡沫板保护层	m2	BWCYSCD*(4.3-0.35)	BWCYSCD<保温层原始长度>*(4.3-0.35)	☐	土建

图9.7

5)画法讲解

①筏板属于面式构件,和楼层现浇板一样,可以使用直线绘制,也可以使用矩形绘制,在这里使用直线绘制,绘制方法同首层现浇板。

②垫层属于面式构件,可以使用直线绘制,也可以使用矩形绘制,在这里使用智能布置。单击"智能布置"→"筏板",在弹出的对话框中输入出边距离"100",单击"确定"按钮,垫层就布置好了。

③集水坑采用点画绘制即可。

工程实战

(1)完成筏板、垫层、集水坑的绘制。

(2)汇总基础层筏板、垫层、地下防水的工程量。

设置报表范围时,选择筏板、垫层、地下防水,它们的实体工程量如表9.3所示。请读者与自己的结果进行核对,如果不同,请找出原因并进行修改。

表9.3 筏板、垫层与地下防水清单定额量

序号	编码	项目名称	单位	工程量
1	010101003004	基底钎探	m^3	1062.6837
	1-20	钻探及回填孔	$100m^2$	10.6268
2	010401003002	满堂基础 1.混凝土强度等级:C30 2.混凝土拌和料要求:商品混凝土 3.基础类型:有梁式满堂基础 4.抗渗等级:P8	m^3	560.7474
	换B4-1	C20混凝土非现场搅拌	m^3	560.7474

续表

序号	编码	项目名称	单位	工程量
3	010401006001	垫层 1.混凝土强度等级:C15 2.混凝土拌和料要求:商品混凝土	m^3	106.2684
	换 B4-1	C20 混凝土非现场搅拌	m^3	106.2684
4	010703001002	地下室底板防水 1.50 厚 C20 细石混凝土保护层 2.4mm 厚 SBS 卷材	m^2	1079.3325
	8-23	找平层,细石混凝土找平层 30mm 厚	$100m^2$	10.7933
	8-24 ×4	楼地面、屋面找平层细石混凝土厚度每增减 5mm (C20-16(32.5 水泥)现浇碎石混凝土) 子目乘以系数4	$100m^2$	10.7933
	9-80	高聚物改性沥青卷材防水层厚 4mm 平面	$100m^2$	10.7933
5	010703001003	地下室侧壁防水 1.4mm 厚 SBS 卷材 2.30 厚聚苯乙烯泡沫板保护层,建筑胶粘贴	m^2	139.4225
	9-81	高聚物改性沥青卷材防水层厚 4mm 立面	$100m^2$	1.3942
	9-118	墙面贴聚苯乙烯泡沫板保护层	$100m^2$	1.3942

知识拓展

(1)建模定义集水坑

①软件提供了直接在绘图区绘制不规则形状的集水坑的操作模式。如图 9.8 所示,选择“新建自定义集水坑”后,用直线画法在绘图区绘制图元。

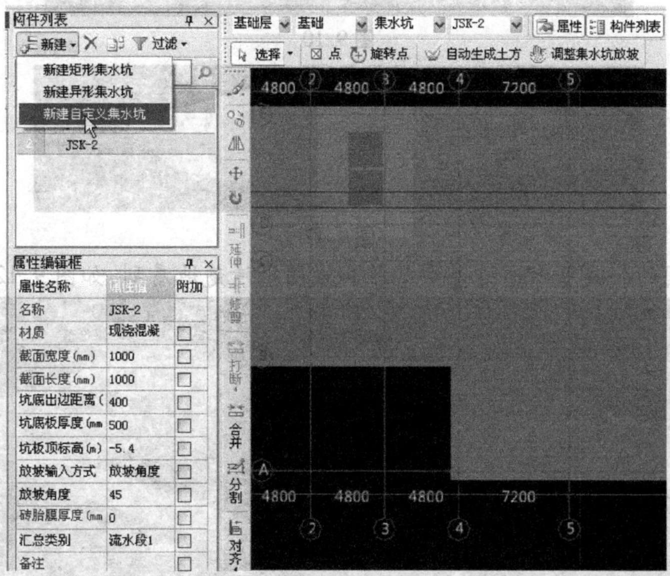

图 9.8

②绘制成封闭图形后，软件就会自动生成一个自定义的集水坑，如图 9.9 所示。

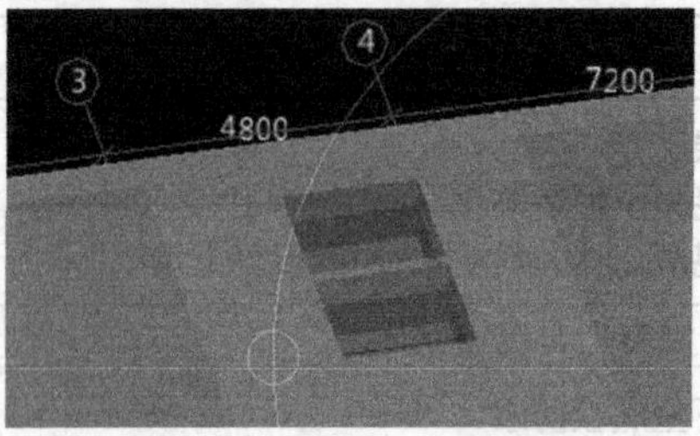

图 9.9

(2) 多集水坑自动扣减

①多个集水坑之间的扣减用手工计算是很繁琐的，如果集水坑有边坡就更加难计算。多个集水坑如果发生相交，软件是完全可以精确计算的。如图 9.10 和图 9.11 所示的两个相交的集水坑，其空间形状是非常复杂的。

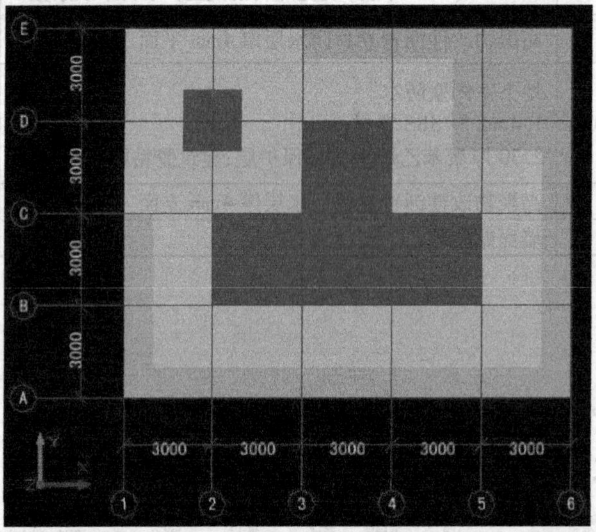

图 9.10

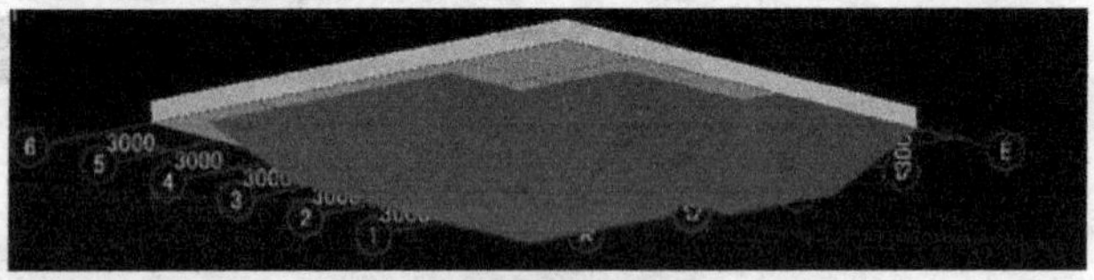

图 9.11

②集水坑之间的扣减可以通过查看三维扣减图很清楚地看到，如图 9.12 所示。

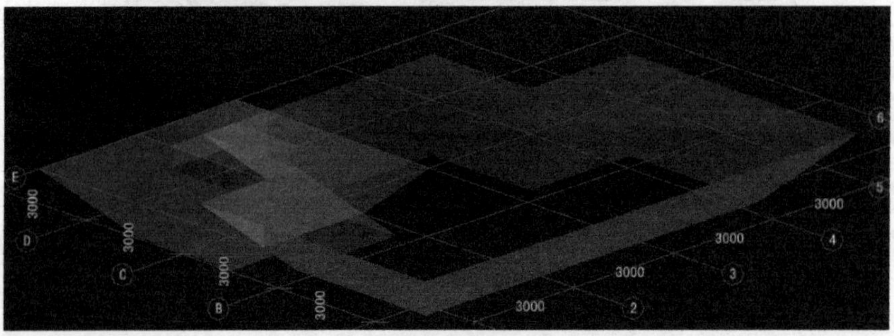

图 9.12

(3)设置集水坑放坡

实际工程中集水坑各边边坡可能不一致,可以通过设置集水坑边坡来进行调整。单击"设置集水坑边坡"后,点选集水坑构件和要修改边坡的坑边,单击右键确定后就会出现"调整集水坑放坡"的对话框。其中的绿色字体都是可以修改的,修改后单击"确定"按钮,就可以看到修改后的边坡形状了,如图9.13所示。

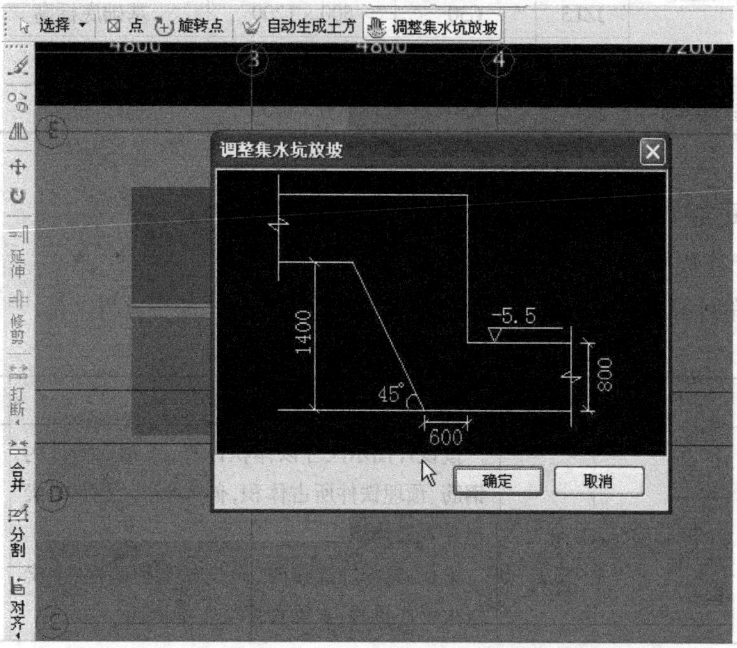

图9.13

(4)多边偏移

绘制筏板时,可将负一层的外墙复制下来,利用多边偏移进行修改。

9.2 基础梁、基础后浇带的工程量计算

通过本节学习,你将能够:

(1)依据清单、定额分析基础梁、基础后浇带的计算规则;

(2)定义基础梁、基础后浇带;

(3)统计基础梁、基础后浇带的工程量。

1)分析图纸

由于在其他层绘制过后浇带,所以后浇带的绘制不再重复讲解,可从地下一层复制图元及构件。

分析结施-3,可以得知有基础主梁和基础次梁两种。基础主梁JZL1~JZL4,基础次梁JCL1,主要信息如表9.4所示。

表 9.4 基础梁表

序号	类型	名称	混凝土标号	截面尺寸(mm)	梁底标高	备注
1	基础主梁	JZL1	C30	500×1200	基础底标高	
		JZL2	C30	500×1200	基础底标高	
		JZL3	C30	500×1200	基础底标高	
		JZL4	C30	500×1200	基础底标高	
2	基础次梁	JCL1	C30	500×1200	基础底标高	

2)清单、定额计算规则学习

(1)清单计算规则学习

基础梁清单计算规则如表 9.5 所示。

表 9.5 基础梁清单计算规则

编号	项目名称	单位	计算规则	备注
010403001	基础梁	m^3	按设计图示尺寸以体积计算,不扣除构件内钢筋、预埋铁件所占体积,伸入墙内的梁头、梁垫并入梁体积内 梁长:梁与柱连接时,梁长算至柱侧面;主梁与次梁连接时,次梁长算至主梁侧面	

(2)定额计算规则学习

基础梁定额计算规则如表 9.6 所示。

表 9.6 基础梁定额计算规则

编号	项目名称	单位	计算规则	备注
B4-1	基础梁	m^3	同梁的计算规则	

3)基础梁的属性定义

基础梁的属性定义与框架梁属性定义类似。在模块导航栏中单击“基础”→“基础梁”,在构件列表中单击“新建”→“新建矩形基础梁”,在属性编辑框中输入基础梁基本信息即可,如图 9.14 所示。

4)做法套用

①基础梁的做法套用,如图 9.15 所示。

②基础后浇带的做法套用,如图 9.16 所示。

图 9.14

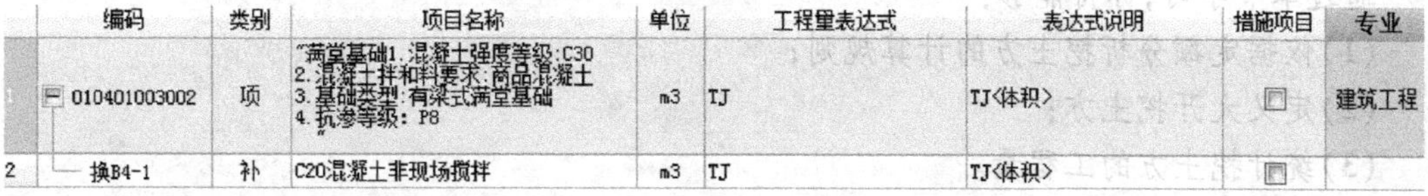

图 9.15

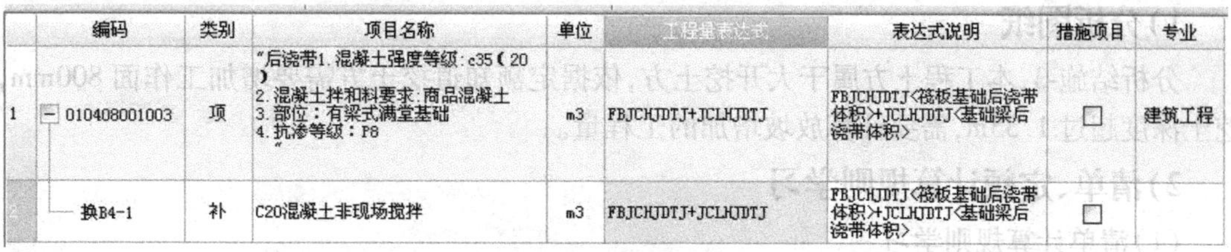

编码
类别
项目名称
单位
工程量表达式
表达式说明
措施项目
专业
1
010408001003
项
"后浇带1.混凝土强度等级:c35(20
)
2.混凝土拌和料要求:商品混凝土
3.部位:有梁式满堂基础
4.抗渗等级:P8
"
m3
FBJCHJDTJ+JCLHJDTJ
FBJCHJDTJ<筏板基础后浇带体积>+JCLHJDTJ<基础梁后浇带体积>
建筑工程
2
换B4-1
补
C20混凝土非现场搅拌
m3
FBJCHJDTJ+JCLHJDTJ
FBJCHJDTJ<筏板基础后浇带体积>+JCLHJDTJ<基础梁后浇带体积>

图 9.16

工程实战

(1)运用以前学过的方法绘制基础梁。

(2)汇总基础梁工程量。

设置报表范围时,选择基础梁,其实体工程量如表 9.7 所示。请读者与自己的结果进行核对,如果不同,请找出原因并进行修改。

表 9.7 基础梁清单定额量

序号	编码	项目名称	单位	工程量
1	010401003002	满堂基础 1. 混凝土强度等级:C30 2. 混凝土拌和料要求:商品混凝土 3. 基础类型:有梁式满堂基础 4. 抗渗等级:P8	m^3	93.275
	换 B4-1	C20 混凝土非现场搅拌	m^3	93.275

续表

序号	编码	项目名称	单位	工程量
2	010408001003	后浇带 1. 混凝土强度等级：C35(20) 2. 混凝土拌和料要求：商品混凝土 3. 部位：有梁式满堂基础 4. 抗渗等级：P8	m^3	12.85
	换 B4-1	C20 混凝土非现场搅拌	m^3	12.85

9.3 土方工程量计算

通过本节学习，你将能够：
(1) 依据定额分析挖土方的计算规则；
(2) 定义大开挖土方；
(3) 统计挖土方的工程量。

1) 分析图纸

分析结施-3，本工程土方属于大开挖土方，依据定额知道挖土方需要增加工作面 800mm，挖土深度超过 1.35m，需要计算放坡增加的工程量。

2) 清单、定额计算规则学习

(1) 清单计算规则学习

土方清单计算规则如表 9.8 所示。

表 9.8　土方清单计算规则

编号	项目名称	单位	计算规则	备注
010101002	挖土方	m^3	按设计图示尺寸以体积计算	
010101003	挖基础土方	m^3	按设计图示尺寸以基础垫层底面积乘以挖土深度计算	
010103001	土(石方)回填	m^3	挖方体积减去设计室外地坪以下埋设的基础体积(包括基础垫层及其他构筑物)	

(2) 定额计算规则学习

土方定额计算规则如表 9.9 所示。

3) 绘制土方

(1) 筏板基础大开挖土方

大开挖土方可以新建，也可以根据软件处理构件的关联性进行反建与绘制。

表 9.9 土方定额计算规则

编号	项目名称	单位	计算规则	备注
1-3	人工挖土方一般土深度(m)5 以内	m^3	基础挖土按挖土底面积乘以挖土深度以体积计算,挖土深度超过放坡起点(1.35m),另计算放坡土方增量。土方按图示垫层外皮尺寸加工作面宽度的水平投影面积计算。挖土深度从基础垫层下表面标高算至自然地坪标高	
1-9	人工挖地坑一般土深度(m)1.5 以内	m^3		
1-26	回填土 夯填	m^3	挖方体积减去设计室外地坪以下埋设的基础体积(包括基础垫层及其他构筑物)	

在垫层绘图界面,单击"自动生成土方",弹出如图 9.17 所示"请选择生成的土方类型"窗口,选择"大开挖土方",单击"确定"后进入如图 9.18 所示"生成方式及相关属性"对话框,输入对应数据,软件会自动生成大开挖土方及灰土回填。

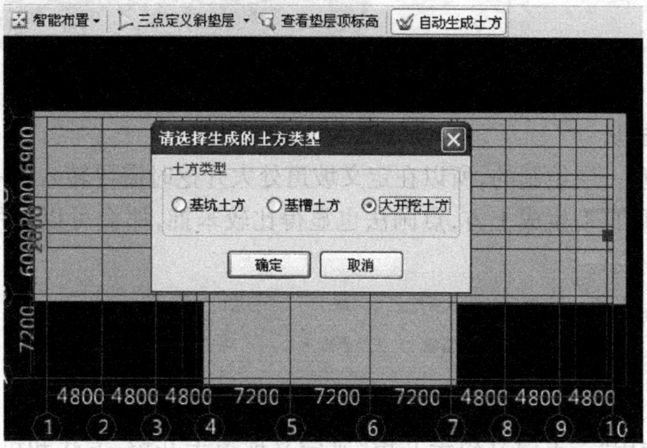

图 9.17

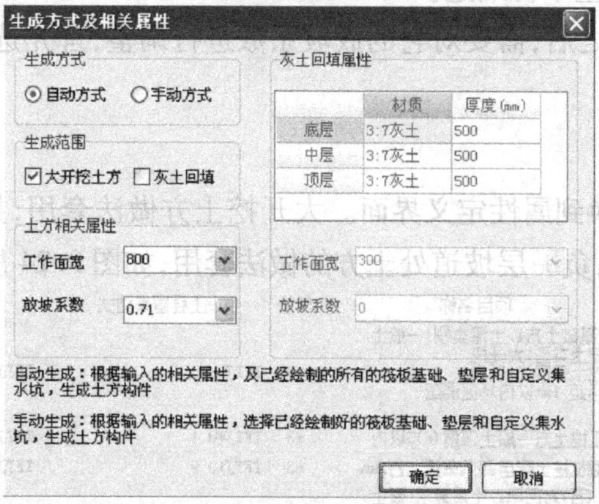

图 9.18

(2)基坑土方开挖

基坑土方开挖的生成方式和大开挖不同,本构件需要使用点画法。首先定义基坑,下面以基坑 2 为例，如图 9.19 所示。

定义好基坑以后，进入“绘图”界面，在需要绘制基坑土方的位置点画基坑土方，如图9.20所示。

属性编辑框

属性名称	属性值	附加
名称	JK-2	
深度(mm)	1000	☐
坑底长(mm)	2000	☐
坑底宽(mm)	2000	☐
工作面宽(mm)	0	☐
放坡系数	1	☐
底标高(m)	-6	☐
冻土厚度(mm)	(0)	☐
备注		☐

图 9.19

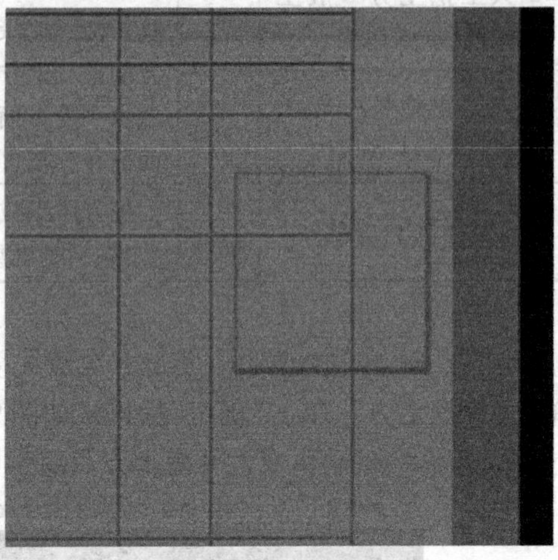

图 9.20

(3)坡道土方画法

由于坡道是在负一层绘制的，所以在定义坡道处大开挖时需要转入负一层中。

坡道处无法使用自动生成土方，点画法也显得比较笨拙，那么可以使用矩形画法进行绘制，方法如图 9.21 所示。

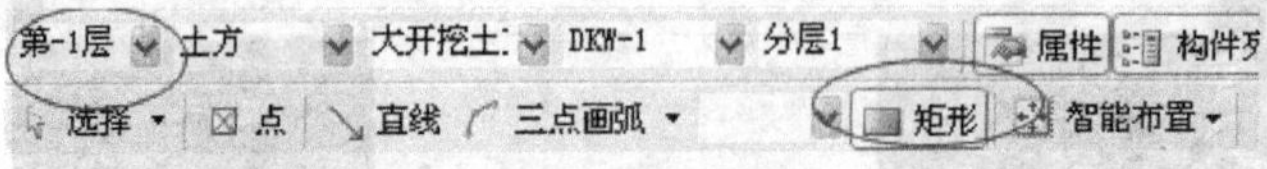

图 9.21

绘制好之后，使用“三点定义斜大开挖”来定义坡道大开挖，方法和机房层中“三点定义斜板”的方法相同，这里不再细述。

斜大开挖设定好之后，需要对它的放坡系数进行调整，首先选中图元，在属性栏定义其放坡系数即可。

4)做法套用

单击“土方”，切换到属性定义界面。大开挖土方做法套用，如图 9.22 所示；基坑的做法套用，如图 9.23 所示；负一层坡道处土方的做法套用，如图 9.24 所示。

	编码	类别	项目名称	单位	工程量表达式	表达式说明	措施项目	专业
	010101003001	项	“挖基础土方1.土壤类别:一般土 2.挖土类型:大开挖 3.挖土深度:5m以内 4.运距:1km以内场区调配”	m3	TFTJ	TFTJ<土方体积>	☐	建筑工程
2	1-3	定	人工挖土方一般土深度(m)5以内	m3	TFTJ*0.1	TFTJ<土方体积>*0.1	☐	土建
3	1-90	定	挖掘机挖土配自卸汽车运土方1km	m3	TFTJ*0.9	TFTJ<土方体积>*0.9	☐	土建
4	010103001001	项	“土(石)方回填1.土质要求:素土 2.要求：夯填 3.运距：:1km以内场区内调配”	m3	STHTJ	STHTJ<素土回填体积>	☐	建筑工程
5	1-26	定	回填夯实素土	m3	STHTJ	STHTJ<素土回填体积>	☐	土建

图 9.22

	编码	类别	项目名称	单位	工程量表达式	表达式说明	措施项目	专业
1	010101003002	项	"挖基础土方1.土壤类别:一般土 2.挖土类型:挖地坑 3.部位:电梯基坑和集水坑 4.挖土深度:1.5m以内 5.运距:1km内场区调配 "	m3	TFTJ	TFTJ<土方体积>	□	建筑工程
2	1-9	定	人工挖地坑一般土深度(m)1.5以内	m3	TFTJ	TFTJ<土方体积>	□	土建

图9.23

	编码	类别	项目名称	单位	工程量表达式	表达式说明	措施项目	专业
1	010101003003	项	"挖基础土方1.土壤类别:一般土 2.挖土类型:大开挖土方 3.部位:坡道 4.挖土平均深度:3m以内 5.运距:1km以内场区内调配 "	m3	TFTJ	TFTJ<土方体积>	□	建筑工程
2	1-3	定	人工挖土方一般土深度(m)5以内	m3	TFTJ*0.1	TFTJ<土方体积>*0.1	□	土建
3	1-90	定	机械挖土汽车运土1km一般土	m3	TFTJ*0.9	TFTJ<土方体积>*0.9	□	土建

图9.24

工程实战

汇总土方工程量。

设置报表范围时,选择基础层、负一层土方,它们的实体工程量如表9.10所示。请读者与自己的结果进行核对,如果不同,请找出原因并进行修改。

表9.10 土方清单定额量

序号	编码	项目名称	单位	工程量
1	010101003001	挖基础土方 1.土壤类别:一般土 2.挖土类型:大开挖 3.挖土深度:5m以内 4.运距:1km以内场区调配	m^3	4682.2668
	1-3	人工挖土方一般土深度(m)5以内	$100m^3$	5.6873
	1-90	挖掘机挖土配自卸汽车运土方1km	$1000m^3$	5.1186
2	010101003002	挖基础土方 1.土壤类别:一般土 2.挖土类型:挖地坑 3.部位:电梯基坑和集水坑 4.挖土深度:1.5m以内 5.运距:1km内场区调配	m^3	26.5115
	1-9	人工挖地坑一般土深度(m)1.5以内	$100m^3$	0.3165
3	010101003003	挖基础土方 1.土壤类别:一般土 2.挖土类型:大开挖土方 3.部位:坡道 4.挖土平均深度:3m以内 5.运距:1km以内场区内调配	m^3	61.3403
	1-3	人工挖土方一般土深度(m)5以内	$100m^3$	0.1298
	1-90	机械挖土汽车运土1km一般土	$1000m^3$	0.1168

续表

序号	编码	项目名称	单位	工程量
4	010103001001	土(石)方回填 1. 土质要求:素土 2. 要求:夯填 3. 运距:1km 以内场区内调配	m^3	238.6771
	1-26	回填夯实素土	$100m^3$	238.6771

知识拓展

大开挖土方设置边坡系数

(1)对于大开挖基坑土方,还可以在生成土方图元后对其进行二次编辑,达到修改土方边坡系数的目的。如图 9.25 所示为一个筏板基础下面的大开挖土方。

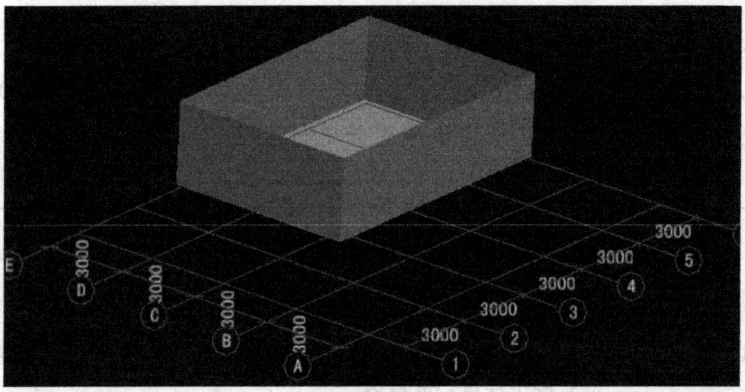

图 9.25

(2)选择功能按钮中"设置放坡系数"→"所有边",再点选该大开挖土方构件,单击右键确认后就会出现"输入放坡系数"对话框,输入实际要求的系数数值后单击"确定",即可完成放坡设置,如图 9.26 和图 9.27 所示。

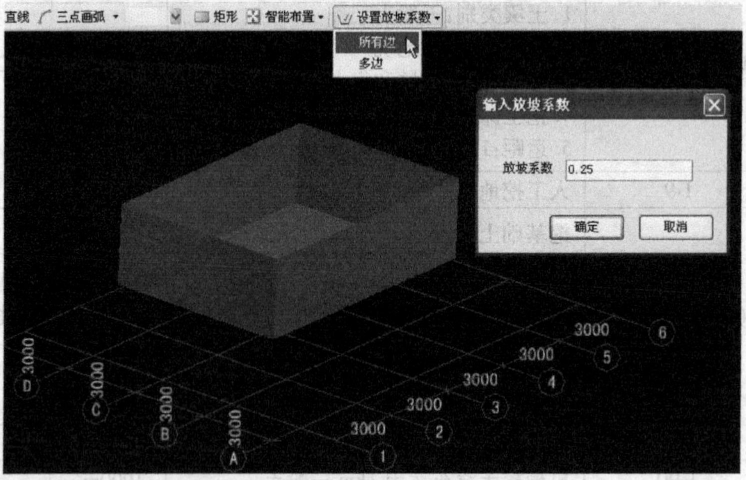

图 9.26

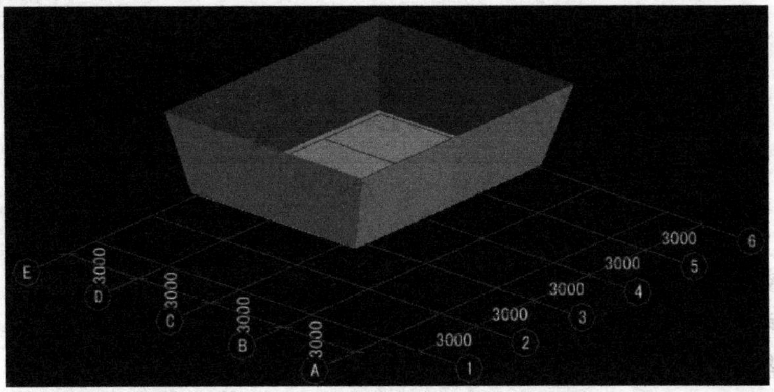

图9.27

第10章 装修工程量计算

通过本章学习,你将能够:
(1)定义楼地面、天棚、墙面、踢脚、吊顶;
(2)在房间中添加依附构件;
(3)统计各层的装修工程量。

10.1 首层装修工程量计算

通过本节学习,你将能够:
(1)定义房间;
(2)分类统计首层装修工程量的计算。

1)分析图纸

分析建施-0的室内装修做法表,首层有5种装修类型的房间:电梯厅、门厅;楼梯间;接待室、会议室、办公室;卫生间、清洁间;走廊。装修做法有楼面1、楼面2、楼面3、踢脚2、踢脚3、内墙1、内墙2、天棚1、吊顶1、吊顶2。建施-3中有独立柱的装修,首层的独立柱有圆形、矩形。管井装修可以重新定义一个房间,依附对应做法。

2)清单、定额计算规则学习

(1)清单计算规则学习

首层装修清单计算规则如表10.1所示。

表10.1 首层装修清单计算规则

编号	项目名称	单位	计算规则	备注
020101001	水泥砂浆楼地面	m^2	按设计图示尺寸以面积计算。扣除凸出地面构筑物、设备基础、室内铁道、地沟等所占面积,不扣除间壁墙和0.3m^2以内的柱、垛、附墙烟囱及孔洞所占面积。门洞、空圈、暖气包槽、壁龛的开口部分不增加面积	
020102001	石材楼地面	m^2		
020102002	块料楼地面	m^2		
020105002	石材踢脚线	m^2	按设计图示长度乘以高度以面积计算	
020105003	块料踢脚线	m^2		
020106002	块料楼梯面层	m^2	楼梯装饰按设计图示尺寸以楼梯(包括踏步、休息平台及宽500以内的楼梯井)水平投影面积计算	

续表

编号	项目名称	单位	计算规则	备注
020201001	墙面一般抹灰	m^2	按设计图示尺寸以面积计算。扣除墙裙、门窗洞口及单个 0.3m^2 以外的孔洞面积，不扣除踢脚线、挂镜线和墙与构件交接处的面积，门窗洞口和孔洞的侧壁及顶面不增加面积。附墙柱、梁、垛、烟囱侧壁并入相应的墙面面积内	
020202001	柱面一般抹灰	m^2	按设计图示柱断面周长乘以高度以面积计算	
020204003	块料墙面	m^2	按设计图示尺寸以面积计算	
020301001	天棚抹灰	m^2	按设计图示尺寸以水平投影面积计算。不扣除间壁墙、垛、柱、附墙烟囱、检查口和管道所占的面积，带梁天棚、梁两侧抹灰面积并入天棚面积内	
020302001	天棚吊顶	m^2	按设计图示尺寸以水平投影面积计算。不扣除间壁墙、检查口、附墙烟囱、柱垛和管道所占面积。天棚中的折线、迭落等圆弧形，高低吊灯槽等面积也不展开计算	

(2)定额计算规则学习

①楼地面装修定额计算规则(以楼面 2 为例)，如表 10.2 所示。

表 10.2　楼地面定额计算规则

编号	项目名称	单位	计算规则	备注
10-69	地板砖楼地面规格(mm)400×400	m^2	按设计图示尺寸以面积计算。扣除凸出地面构筑物、设备基础、室内铁道、地沟等所占面积，不扣除间壁墙和 0.3m^2 以内的柱、垛、附墙烟囱及孔洞所占面积。门洞、空圈、暖气包槽、壁龛的开口部分不增加面积	

②踢脚定额计算规则，如表 10.3 所示。

表 10.3　踢脚定额计算规则

编号	项目名称	单位	计算规则	备注
10-25	大理石踢脚线	m^2	按设计图示长度乘以高度以面积计算	
10-91	地板砖踢脚线	m^2		

③墙面、独立柱装修定额计算规则，如表 10.4 所示。

表 10.4　墙、柱面定额计算规则

编号	项目名称	单位	计算规则	备注
10-248	水泥砂浆 砖、混凝土墙厚 10mm + 6mm	m^2	按设计图示尺寸以面积计算。扣除墙裙、门窗洞口及单个 0.3m^2 以外的孔洞面积，不扣除踢脚线、挂镜线和墙与构件交接处的面积，门窗洞口和孔洞的侧壁及顶面不增加面积。附墙柱、梁、垛、烟囱侧壁并入相应的墙面面积内	
10-249	水泥砂浆 加气混凝土墙厚 12mm + 6mm	m^2		
10-394	贴瓷砖 砖、混凝土墙 300 × 200	m^2	按设计图示尺寸以面积计算	
10-395	贴瓷砖 加气混凝土墙 300 × 200	m^2		
10-252	水泥砂浆柱(梁)面	m^2	按设计图示柱断面周长乘以高度以面积计算	

④天棚、吊顶定额计算规则(以天棚 1、吊顶 1 为例)，如表 10.5 所示。

表 10.5　天棚、吊顶定额计算规则

编号	项目名称	单位	计算规则	备注
10-663	天棚抹混合砂浆 混凝土面厚 7mm + 5mm	m^2	按设计图示尺寸以水平投影面积计算。不扣除间壁墙、垛、柱、附墙烟囱、检查口和管道所占的面积，带梁天棚、梁两侧抹灰面积并入天棚面积内	
10-737	天棚面侧 铝合金条板闭缝	m^2	按设计图示尺寸以水平投影面积计算。不扣除间壁墙、检查口、附墙烟囱、柱垛和管道所占面积。天棚中的折线、迭落等圆弧形，高低吊灯槽等面积也不展开计算	

⑤楼梯面层定额计算规则，如表 10.6 所示。

表 10.6　楼梯面层定额计算规则

编号	项目名称	单位	计算规则	备注
10-71	地板砖 楼梯面层	m^2	楼梯装饰按设计图示尺寸以楼梯(包括踏步、休息平台及宽 500 以内的楼梯井)水平投影面积计算。楼梯与楼地面相连时，算至梯口梁内侧边沿；无梯口梁者，算至最上一层踏步边沿加 300mm	

3)装修构件的属性定义

(1)楼地面的属性定义

单击模块导航栏中的“装修”→“楼地面”，在构件列表中单击“新建”→“新建楼地面”，在属性编辑框中输入相应属性值，如有房间需要计算防水，要在“是否计算防水”中选择“是”，如图 10.1 所示。

(2)踢脚的属性定义

新建踢脚构件的属性定义,如图 10.2 所示。

属性编辑框

属性名称	属性值	附加
名称	楼地面1	
块料厚度(mm)	0	
顶标高(m)	层底标高	
是否计算防水	否	
备注		

图 10.1

属性编辑框

属性名称	属性值	附加
名称	TIJ-1	
块料厚度(mm)	0	
高度(mm)	100	
起点底标高(m)	墙底标高	
终点底标高(m)	墙底标高	
备注		

图 10.2

(3)内、外墙面的属性定义

①新建内墙面构件的属性定义,如图 10.3 所示。

②新建外墙面构件的属性定义,如图 10.4 所示。

属性编辑框

属性名称	属性值	附加
名称	内墙面1	
内/外墙面标志	内墙面	
所附墙材质		
块料厚度(mm)	0	
起点顶标高(m)	墙顶标高	
终点顶标高(m)	墙顶标高	
起点底标高(m)	墙底标高	
终点底标高(m)	墙底标高	
备注		

材质纹理(双击或右键添加)

图 10.3

属性编辑框

属性名称	属性值	附加
名称	外墙面1	
内/外墙面标志	外墙面	
所附墙材质		
块料厚度(mm)	0	
起点顶标高(m)	墙顶标高	
终点顶标高(m)	墙顶标高	
起点底标高(m)	墙底标高	
终点底标高(m)	墙底标高	
备注		

材质纹理(双击或右键添加)

图 10.4

(4)天棚的属性定义

天棚构件的属性定义,如图 10.5 所示。

(5)吊顶的属性定义

根据建施-9 可知,吊顶的高度为 500mm。吊顶的属性定义,如图 10.6 所示。

属性编辑框

属性名称	属性值	附加
名称	TP-1	
备注		

图 10.5

属性编辑框

属性名称	属性值	附加
名称	吊顶1	
离地高度(mm)	3400	
备注		

图 10.6

(6)独立柱的属性定义

独立柱的属性定义,如图 10.7 所示。

(7)房间的属性定义

通过"添加依附构件",建立房间中的装修构件。构件名称下楼面 1 可以切换成楼面 2 或是楼面 3,其他的依附构件也是同理进行操作,如图 10.8 所示。

属性编辑框

属性名称	属性值	附加
名称	独立柱	
块料厚度(mm)	20	
顶标高(m)	柱顶标高	
底标高(m)	柱底标高	
备注		

图 10.7

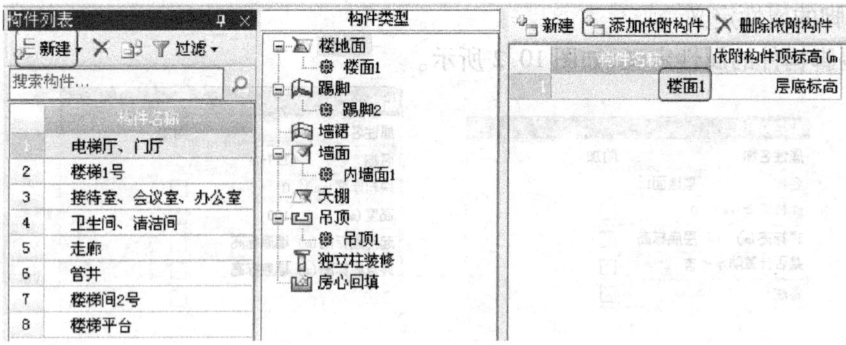

图 10.8

4)做法套用

(1)楼地面的做法套用

①楼地面 1 的做法套用,如图 10.9 所示。

	编码	类别	项目名称	单位	工程量表达式	表达式说明	措施项目	专业
1	020102002002	项	"块料楼地面1.8-10厚地砖铺实拍平，水泥浆擦缝或1：1水泥砂浆填缝 2.5厚1：2.5水泥砂浆 3.20厚1：3水泥砂浆 4.素水泥浆结合层一遍 5.部位：楼面1（防滑地砖地面） 6.选 用800*800防滑地砖 "	m2	KLDMJ	KLDMJ<块料地面积>	☐	装饰装修工程
2	10-70	定	800*800防滑地砖	m2	KLDMJ	KLDMJ<块料地面积>	☐	土建

图 10.9

②楼地面 2 的做法套用,如图 10.10 所示。

	编码	类别	项目名称	单位	工程量表达式	表达式说明	措施项目	专业
1	020102002003	项	"块料楼地面1.8-10厚地砖铺实拍平，水泥浆擦缝或1：1水泥砂浆填缝 2.5厚1:2.5水泥砂浆粘结层 3.20厚1:3干硬性水泥砂浆结合层 4.1.5厚聚氨酯防水涂料，面上撒黄砂，四击上翻150高 5.刷基层处理剂一遍 6.20厚1:3水泥砂浆找平 7.50厚1：3水泥砂浆找坡层，最薄处20厚，坡向地漏，一次抹平 8.选用400*400防滑地砖 9.部位：楼面2 防滑地砖楼地面 "	m2	KLDMJ	KLDMJ<块料地面积>	☐	装饰装修工程
2	10-69	定	地板砖楼地面 规格(mm) 400×400	m2	KLDMJ	KLDMJ<块料地面积>	☐	土建
3	9-106	定	聚氨酯涂膜二遍厚1.5mm平面	m2	KLDMJ	KLDMJ<块料地面积>	☐	土建
4	8-20	定	楼地面、屋面找平层水泥砂浆在混凝土或硬基层上厚20mm(1:3水泥砂浆)	m2	KLDMJ	KLDMJ<块料地面积>	☐	土建
5	8-23	定	楼地面、屋面找平层细石混凝土在硬基层上厚30mm	m2	KLDMJ	KLDMJ<块料地面积>	☐	土建
6	8-24 *4	换	找平层,细石砼找平层每增减5mm 子目乘以系数4	m2	KLDMJ	KLDMJ<块料地面积>	☐	土建

图 10.10

③楼地面 3 的做法套用,如图 10.11 所示。

	编码	类别	项目名称	单位	工程量表达式	表达式说明	措施项目	专业
1	020102001001	项	"石材楼地面1.20厚大理石板铺实拍平，水泥浆擦缝 2.30厚1：4干硬性水泥砂浆 3.素水泥浆结合层一遍 4.部位：楼面3 "	m2	KLDMJ	KLDMJ<块料地面积>	☐	装饰装修工程
2	10-19	定	天然石材 大理石楼地面	m2	KLDMJ	KLDMJ<块料地面积>	☐	土建

图 10.11

④1 号楼梯楼地面的做法套用,如图 10.12 所示。

	编码	类别	项目名称	单位	工程量表达式	表达式说明	措施项目	专业
1	020102002001	项	块料楼地面 1. 8-10厚地砖铺实拍平，水泥浆擦缝或1：1水泥砂浆填缝 2. 5厚水泥砂浆（掺建筑胶）1：2.5 3. 20厚水泥砂浆（掺建筑胶）1：3 4. 刷基层处理剂一遍： 5. 选用400*400防滑地砖： 6. 80厚C15混凝土： 7. 部位：地面3 防滑地砖楼地面	m2	KLDMJ	KLDMJ<块料地面积>	□	装饰装修工程
2	10-69	定	楼地面周长2000以内	m2	KLDMJ	KLDMJ<块料地面积>	□	土建
3	换B4-1	补	地面垫层 混凝土	m3	KLDMJ*0.08	KLDMJ<块料地面积>*0.08	□	土建

图 10.12

⑤2 号楼梯楼地面的做法套用,如图 10.13 所示。

	编码	类别	项目名称	单位	工程量表达式	表达式说明	措施项目	专业
1	020102002002	项	"块料楼地面1.8-10厚地砖铺实拍平，水泥浆擦缝或1：1水泥砂浆填缝 2.5厚1：2.5水泥砂浆 3.20厚1：3水泥砂浆 4.素水泥浆结合层一遍 5.部位：楼面1（防滑地砖地面） 6.选 用800*800防滑地砖 "	m2	KLDMJ	KLDMJ<块料地面积>	□	装饰装修工程
2	10-70	定	800*800防滑地砖	m2	KLDMJ	KLDMJ<块料地面积>	□	土建

图 10.13

(2)踢脚做法套用

①踢脚 2 的做法套用,如图 10.14 所示。

	编码	类别	项目名称	单位	工程量表达式	表达式说明	措施项目	专业
1	020105003001	项	"块料踢脚线1.刷建筑胶素水泥浆一遍，配合比为建筑胶：水=1：4 2.12厚1：3水泥砂浆打底 3.5厚水泥砂浆结合层 4.6-10厚面砖，水泥浆擦缝 5.高度为100mm，选用400*100深色地砖 6.踢脚2（地板砖踢脚） "	m2	TJKLMJ	TJKLMJ<踢脚块料面积>	□	装饰装修工程
2	10-91	定	地板砖 踢脚线	m2	TJKLMJ	TJKLMJ<踢脚块料面积>	□	土建

图 10.14

②踢脚 3 的做法套用,如图 10.15 所示。

	编码	类别	项目名称	单位	工程量表达式	表达式说明	措施项目	专业
1	020105002001	项	"石材踢脚线1.刷建筑胶素水泥浆一遍，配合比为建筑胶：水=1：4 2.8厚1：3水泥砂浆打底 3.8厚1：2水泥砂浆加水20%建筑胶镶贴 4.10厚大理石板，水泥浆擦缝 5.高度为100mm，选用800*100深色大理石 6.踢脚3（大理石踢脚） "	m2	TJKLMJ	TJKLMJ<踢脚块料面积>	□	装饰装修工程
2	10-25	定	大理石踢脚线	m2	TJKLMJ	TJKLMJ<踢脚块料面积>	□	土建

图 10.15

(3)内、外墙面的做法套用

①内墙 1 的做法套用,如图 10.16 所示。

②内墙 2 的做法套用,如图 10.17 所示。

③外墙 1 的做法套用,如图 10.18 所示。

	编码	类别	项目名称	单位	工程量表达式	表达式说明	措施项目	专业
1	020201001002	项	"墙面一般抹灰1.5厚1: 2.5水泥砂浆 2.5mm厚水泥石灰砂浆1:0.5:2.5 3.8mm厚水泥石灰砂浆1: 1:6 4.基层墙体: 加气混凝土墙 5.内墙"	m2	QKQMMHMJ	QKQMMHMJ<砌块墙面抹灰面积>	☐	装饰装修工程
2	10-249	定	水泥砂浆 加气混凝土墙 厚18mm	m2	QKQMMHMJ	QKQMMHMJ<砌块墙面抹灰面积>	☐	土建
3	020201001001	项	"墙面一般抹灰1.10厚1: 3水泥砂浆 2.6厚1: 2.5水泥砂浆 3.基层墙体: 混凝土墙 4.内墙"	m2	TQMMHMJ	TQMMHMJ<砼墙面抹灰面积>	☐	装饰装修工程
4	10-248	定	水泥砂浆 砖、混凝土墙 厚16mm	m2	TQMMHMJ	TQMMHMJ<砼墙面抹灰面积>	☐	土建
5	020506001001	项	"抹灰面油漆1.清理抹灰基层 2.刷乳胶漆漆一度 3. 满刮腻子二道 4.乳胶漆两遍 "	m2	QMMHMJ	QMMHMJ<墙面抹灰面积>	☐	装饰装修工程
6	10-1331	定	抹灰面油漆 乳胶漆抹灰面二遍	m2	QMMHMJ	QMMHMJ<墙面抹灰面积>	☐	土建

图 10.16

	编码	类别	项目名称	单位	工程量表达式	表达式说明	措施项目	专业
1	020204003002	项	"块料墙面1.刷建筑胶素水泥浆一遍 ,配合比为建筑胶: 水=1: 4 2.5厚1:2水泥砂浆打底压实抹平 3.刷素水泥浆一遍 4.6厚1: 0.5:2.5水泥石灰砂浆 5.8厚1: 1:6水泥石灰砂浆 6.6-9厚面砖,水泥浆擦缝 7.基层墙体: 加气砼墙 8.选用内墙200*300面砖 "	m2	QKQMKLMJ	QKQMKLMJ<砌块墙面块料面积>	☐	装饰装修工程
2	10-395	定	贴瓷砖 加气混凝土墙 300×200	m2	QKQMKLMJ	QKQMKLMJ<砌块墙面块料面积>	☐	土建
3	020204003001	项	"块料墙面1.刷建筑胶素水泥浆一遍 ,配合比为建筑胶: 水=1: 4 2.10厚1:3水泥砂浆打底压实抹平 3.刷素水泥浆一遍 4.5厚1: 2建筑胶水泥砂浆镶贴 5.6-9厚面砖,水泥浆擦缝 6.基层墙体: 混凝土墙 7.选用内墙200*300面砖 "	m2	ZQMKLMJ	ZQMKLMJ<砖墙面块料面积>	☐	装饰装修工程
4	10-394	定	贴瓷砖 混凝土墙 300×200	m2	ZQMKLMJ	ZQMKLMJ<砖墙面块料面积>	☐	土建

图 10.17

	编码	类别	项目名称	单位	工程量表达式	表达式说明	措施项目	专业
1	020201001003	项	"墙面一般抹灰1.刷建筑素胶水泥浆 一遍,配合比为建筑胶:水=1:4 2.12厚1:3水泥砂浆打底 3.8厚1:2.5水泥砂浆 抹面 4.基层墙体:混凝土墙及砖墙 5.外墙23 "	m2	ZQMMHMJ+TQMMHMJ	ZQMMHMJ<砖墙面抹灰面积>+ TQMMHMJ<砼墙面抹灰面积>	☐	装饰装修工程
2	10-245	定	水泥砂浆混凝土墙 厚20mm	m2	ZQMMHMJ+TQMMHMJ	ZQMMHMJ<砖墙面抹灰面积>+ TQMMHMJ<砼墙面抹灰面积>	☐	土建
3	020201001004	项	墙面一般抹灰1.刷建筑素胶水泥浆一 遍,配合比为建筑胶:水=1:4 3.6厚1:0.5:2.5水泥石灰膏砂浆抹 平 4.8厚1:1:6水泥石灰砂浆 5.基层墙体:加气混凝土墙 6.外墙	m2	QKQMKLMJ	QKQMKLMJ<砌块墙面块料面积>	☐	装饰装修工程
4	10-246	定	水泥砂浆 加气混凝土墙 厚14mm	m2	QKQMKLMJ	QKQMKLMJ<砌块墙面块料面积>	☐	土建
5	020506001002	项	"抹灰面油漆1.清理抹灰基层 2. 满刮防水腻子 3.乳胶漆两遍 "	m2	QMMHMJ	QMMHMJ<墙面抹灰面积>	☐	装饰装修工程
6	B10-13	定	防水腻子刷乳胶漆(抹灰面)	m2	QMMHMJ	QMMHMJ<墙面抹灰面积>	☐	土建

图 10.18

(4)天棚的做法套用

天棚1的做法套用,如图10.19所示。

	编码	类别	项目名称	单位	工程里表达式	表达式说明	措施项目	专业
1	020301001001	项	"天棚抹灰1.钢筋混凝土板底面清理干净 ,刷素水泥浆一道甩毛 2.5厚1:0.3:2.5水泥石灰砂浆抹面找平 3.5厚1:0.3:3水泥石灰砂浆 4.表面喷刷涂料另选 5.涂料顶棚 "	m2	TPMHMJ	TPMHMJ<天棚抹灰面积>	☐	装饰装修工程
2	10-663	定	天棚抹混合砂浆 混凝土面	m2	TPMHMJ	TPMHMJ<天棚抹灰面积>	☐	土建
3	020506001001	项	"抹灰面油漆1.清理抹灰基层 2.刷乳胶漆漆一度 3. 满刮腻子二道 4.乳胶漆两遍 "	m2	TPMHMJ	TPMHMJ<天棚抹灰面积>	☐	装饰装修工程
4	10-1331	定	抹灰面油漆 乳胶漆抹灰面二遍	m2	TPMHMJ	TPMHMJ<天棚抹灰面积>	☐	土建

图10.19

(5)吊顶的做法套用

①吊顶1的做法套用,如图10.20所示。

	编码	类别	项目名称	单位	工程里表达式	表达式说明	措施项目	专业
1	020302001001	项	"天棚吊顶(封闭式铝合金条板吊顶)1.配套金属龙骨(龙骨由生产厂配套供应,安装按生产厂要求施工) 2.铝合金条型板 3.铝合金条板厚度0.8mm 4.部位:吊顶1 "	m2	DDMJ	DDMJ<吊顶面积>	☐	装饰装修工程
2	10-737	定	天棚面层 铝合金条板 闭缝	m2	DDMJ	DDMJ<吊顶面积>	☐	土建

图10.20

②吊顶2的做法套用,如图10.21所示。

	编码	类别	项目名称	单位	工程里表达式	表达式说明	措施项目	专业
1	020302001002	项	"天棚吊顶(铝合金T型暗龙骨,矿棉装饰板吊顶)1.铝合金配套龙骨,主龙骨中距900~1000,T型龙骨中距300或600,横撑中距600 2.12厚592*592开槽矿棉装饰板 3.部位:吊顶2 "	m2	DDMJ	DDMJ<吊顶面积>	☐	装饰装修工程
2	10-714	定	天棚T型铝合金龙骨架(不上人)面层规格(mm)600×600以内 平面	m2	DDMJ	DDMJ<吊顶面积>	☐	土建
3	10-759	定	天棚面层 矿棉装饰板 搁在铝合金龙骨上	m2	DDMJ	DDMJ<吊顶面积>	☐	土建

图10.21

(6)独立柱装修做法套用

独立柱装修的做法套用,如图10.22所示。

	编码	类别	项目名称	单位	工程里表达式	表达式说明	措施项目	专业
1	020202001001	项	柱面一般抹灰 1.素水泥砂浆一道 2.8mm厚水泥砂浆1:2.5 3.12mm厚水泥砂浆1:3	m2	DLZMHMJ	DLZMHMJ<独立柱抹灰面积>	☐	装饰装修工程
2	10-252	定	水泥砂浆 柱(梁)面	m2	DLZMHMJ	DLZMHMJ<独立柱抹灰面积>	☐	土建
3	020506001001	项	"抹灰面油漆1.清理抹灰基层 2.刷乳胶漆漆一度 3. 满刮腻子二道 4.乳胶漆两遍 "	m2	DLZMHMJ	DLZMHMJ<独立柱抹灰面积>	☐	装饰装修工程
4	10-1331	定	抹灰面油漆 乳胶漆抹灰面二遍	m2	DLZMHMJ	DLZMHMJ<独立柱抹灰面积>	☐	土建

图10.22

5)房间的绘制

(1)点画

按照建施-3 中房间的名称,选择软件中建立好的房间,在要布置装修的房间单击一下,房间中的装修即自动布置上去。绘制好的房间,用三维查看效果,如图 10.23 所示。不同墙的材质内墙面图元的颜色不一样,混凝土墙的内墙面装修默认为黄色。

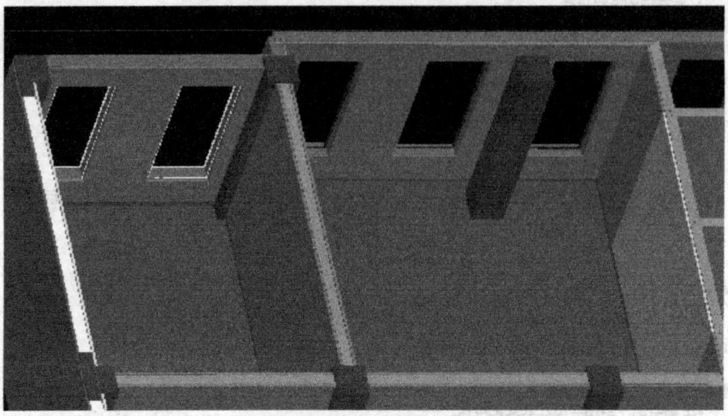

图 10.23

(2)独立柱的装修图元的绘制

在模块导航栏中选择“独立柱装修”→“矩形柱”,单击“智能布置”→“柱”,选中独立柱,单击右键,独立柱装修绘制完毕,如图 10.24 和图 10.25 所示。

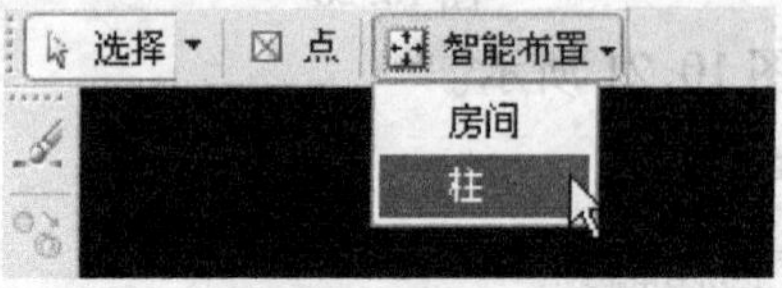

图 10.24

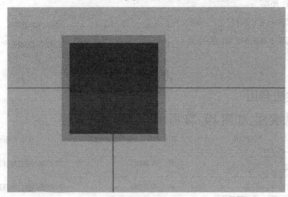

图 10.25

(3)定义立面防水高度

切换到楼地面的构件,单击“定义立面防水高度”,单击卫生间的四面,选中要设置的立面防水的边变成蓝色,单击右键确认,弹出如图 10.26 所示“请输入立面防水高度”对话框,输入“300”,单击“确定”按钮,立面防水图元绘制完毕,绘制后的结果如图 10.27 所示。

图 10.26

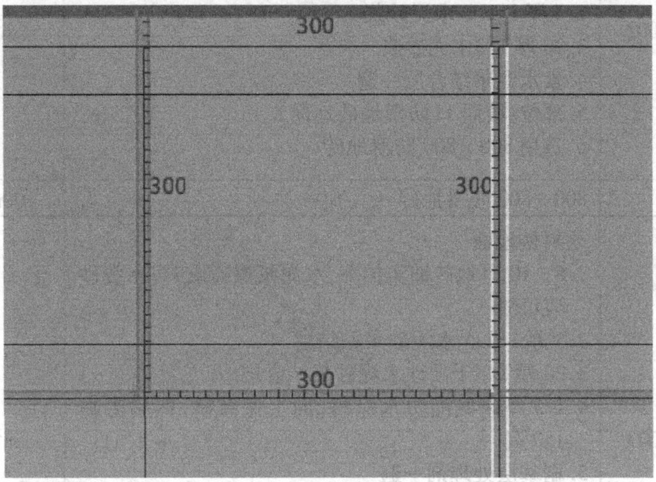

图 10.27

6)关于楼梯与楼梯间

在楼梯的计算中,广联达软件可以提供一些基本的工程量,例如水平投影面积等,其他的工程量例如混凝土量、天棚抹灰量、踢脚线量、栏杆扶手的量、其他装饰装修的工程量等,既可以使用软件给出的楼梯定义来画,同样也可以根据各地定额的不同要求以及软件提供的基本工程量进行手工计算,在本书正文中不再详细给出楼梯和楼梯装饰装修的做法。

工程实战

(1)点画绘制首层所有的房间,保存并汇总计算工程量。

(2)汇总首层装修工程量。

设置报表范围时,选择首层装修,其实体工程量如表10.7所示。请读者与自己的结果进行核对,如果不同,请找出原因并进行修改。

表 10.7　首层装修清单定额量

序号	编码	项目名称	单位	工程量
1	020101001001	水泥砂浆楼地面 部位:管井	m^2	6.945
	10-1	水泥砂浆楼地面 厚20mm	$100m^2$	0.0695
2	020102001001	石材楼地面 1.20厚大理石板铺实拍平,水泥浆擦缝 2.30厚1:4干硬性水泥砂浆 3.素水泥浆结合层一遍 4.部位:楼面3	m^2	506.5925
	10-19	天然石材 大理石楼地面	$100m^2$	5.0479
3	020102002002	块料楼地面 1.8~10厚地砖铺实拍平,水泥浆擦缝或1:1水泥砂浆填缝 2.5厚1:2.5水泥砂浆 3.20厚1:3水泥砂浆 4.素水泥浆结合层一遍 5.部位:楼面1(防滑地砖地面) 6.选用800×800防滑地砖	m^2	187.2426
	10-70	800×800防滑地砖	$100m^2$	1.881
4	020102002003	块料楼地面 1.8~10厚地砖铺实拍平,水泥浆擦缝或1:1水泥砂浆填缝 2.5厚1:2.5水泥砂浆粘结层 3.20厚1:3干硬性水泥砂浆结合层 4.1.5厚聚氨酯防水涂料,面上撒黄砂,四周上翻150高 5.刷基层处理剂一遍 6.20厚1:3水泥砂浆找平 7.50厚1:3水泥砂浆找坡层,最薄处20厚,坡向地漏,一次抹平 8.选用400×400防滑地砖 9.部位:楼面2防滑地砖楼地面	m^2	49.175
	10-69	地板砖楼地面 规格(mm) 400×400	$100m^2$	0.4908
	9-106	聚氨酯涂膜两遍 厚1.5mm 平面	$100m^2$	0.4908
	8-20	楼地面、屋面找平层 水泥砂浆 在混凝土或硬基层上厚20mm(1:3水泥砂浆)	$100m^2$	0.4908
	8-23	楼地面、屋面找平层 细石混凝土 在硬基层上厚30mm	$100m^2$	0.4908
	8-24×4	找平层 细石混凝土找平层每增减5mm 子目乘以系数4	$100m^2$	0.4908

续表

序号	编码	项目名称	单位	工程量
5	020105002001	石材踢脚线 1. 刷建筑胶素水泥浆一遍,配合比为建筑胶:水=1:4 2. 8 厚 1:3水泥砂浆打底 3. 8 厚 1:2水泥砂浆加水 20% 建筑胶镶贴 4. 10 厚大理石板,水泥浆擦缝 5. 高度为 100mm,选用 800×100 深色大理石 6. 踢脚 3(大理石踢脚)	m^2	31.8325
	10-25	大理石踢脚线	$100m^2$	0.3183
6	020105003001	块料踢脚线 1. 刷建筑胶素水泥浆一遍,配合比为建筑胶:水=1:4 2. 12 厚 1:3水泥砂浆打底 3. 5 厚水泥砂浆结合层 4. 6~10 厚面砖,水泥浆擦缝 5. 高度为 100mm,选用 400×100 深色地砖 6. 踢脚 2(地板砖踢脚)	m^2	6.6375
	10-91	地板砖 踢脚线	$100m^2$	0.0664
7	020201001001	墙面一般抹灰 1. 10 厚 1:3水泥砂浆 2. 6 厚 1:2.5 水泥砂浆 3. 基层墙体:混凝土墙 4. 内墙	m^2	180.5475
	10-248	水泥砂浆 砖、混凝土墙 厚 16mm	$100m^2$	1.6152
8	020201001002	墙面一般抹灰 1. 5 厚 1:2.5 水泥砂浆 2. 5 厚水泥石灰砂浆 1:0.5:2.5 3. 8 厚水泥石灰砂浆 1:1:6 4. 基层墙体:加气混凝土墙 5. 内墙	m^2	811.8592
	10-249	水泥砂浆 加气混凝土墙 厚 18mm	$100m^2$	7.141
9	020201001003	墙面一般抹灰 1. 刷建筑素胶水泥浆一遍,配合比为建筑胶:水=1:4 2. 12 厚 1:3水泥砂浆打底 3. 8 厚 1:2.5 水泥砂浆抹面 4. 基层墙体:混凝土墙及砖墙 5. 外墙 23	m^2	351.6265
	10-245	水泥砂浆混凝土墙 厚 20mm	$100m^2$	1.2705
10	020201001004	墙面一般抹灰 1. 刷建筑素胶水泥浆一遍,配合比为建筑胶:水=1:4 2. 6 厚 1:0.5:2.5 水泥石灰膏砂浆抹平 3. 8 厚 1:1:6水泥石灰砂浆 4. 基层墙体:加气混凝土墙 5. 外墙	m^2	257.989
	10-246	水泥砂浆 加气混凝土墙 厚 14mm	$100m^2$	2.5666

续表

序号	编码	项目名称	单位	工程量
11	020202001002	柱面一般抹灰 1.12 厚 1:3水泥砂浆 2.8 厚 1:2.5 水泥砂浆 3.部位:自行车库及首层门厅内圆柱面 4.选用内墙抹灰做法	m^2	78.5961
	10-253	混凝土面多边形圆形柱面	$100m^2$	0.7886
12	020202001002	柱面一般抹灰 1.素水泥砂浆一道 2.8 厚水泥砂浆 1:2.5 3.12 厚水泥砂浆 1:3	m^2	32.08
	10-252	水泥砂浆 柱(梁)面	$100m^2$	0.3256
13	020204003001	块料墙面 1.刷建筑胶素水泥浆一遍,配合比为建筑胶:水=1:4 2.10 厚 1:3水泥砂浆打底压实抹平 3.刷素水泥浆一遍 4.5 厚 1:2建筑胶水泥砂浆镶贴 5.6~9 厚面砖,水泥浆擦缝 6.基层墙体:混凝土墙 7.选用内墙 200×300 面砖	m^2	0
	10-394	贴瓷砖 混凝土墙 300×200	$100m^2$	0
14	020204003002	块料墙面 1.刷建筑胶素水泥浆一遍,配合比为建筑胶:水=1:4 2.5 厚 1:2水泥砂浆打底压实抹平 3.刷素水泥浆一遍 4.6 厚 1:0.5:2.5 水泥石灰砂浆 5.8 厚 1:1:6水泥石灰砂浆 6.6~9 厚面砖,水泥浆擦缝 7.基层墙体:加气混凝土墙 8.选用内墙 200×300 面砖	m^2	249.2384
	10-395	贴瓷砖 加气混凝土墙 300×200	$100m^2$	2.2368
15	020301001001	天棚抹灰 1.钢筋混凝土板底面清理干净,刷素水泥浆一道甩毛 2.5 厚 1:0.3:2.5 水泥石灰砂浆抹面找平 3.5 厚 1:0.3:3水泥石灰砂浆 4.表面喷刷涂料另选 5.涂料顶棚	m^2	267.9949
	10-663	天棚抹混合砂浆 混凝土面	$100m^2$	2.6799

续表

序号	编码	项目名称	单位	工程量
16	020302001001	天棚吊顶(封闭式铝合金条板吊顶) 1. 配套金属龙骨(龙骨由生产厂配套供应,安装按生产厂要求施工) 2. 铝合金条型板 3. 铝合金条板厚度 0.8mm 4. 部位:吊顶1	m^2	453.0531
	10-737	天棚面层 铝合金条板 闭缝	$100m^2$	4.5377
17	020302001002	天棚吊顶(铝合金T型暗龙骨,矿棉装饰板吊顶) 1. 铝合金配套龙骨,主龙骨中距 900~1000,T型龙骨中距 300 或 600,横撑中距 600 2. 12 厚 592×592 开槽矿棉装饰板 3. 部位:吊顶2	m^2	163.2994
	10-714	天棚T型铝合金龙骨架(不上人) 面层规格(mm) 600×600 以内 平面	$100m^2$	1.6387
	10-759	天棚面层 矿棉装饰板 搁在铝合金龙骨上	$100m^2$	1.6387
18	020506001001	抹灰面油漆 1. 清理抹灰基层 2. 刷乳胶漆漆一度 3. 满刮腻子两道 4. 刷乳胶漆两遍	m^2	1371.0777
	10-1331	抹灰面油漆 乳胶漆抹灰面两遍	$100m^2$	12.5502
19	020506001002	抹灰面油漆 1. 清理抹灰基层 2. 满刮防水腻子 3. 刷乳胶漆两遍	m^2	351.6265
	B10-13	防水腻子刷乳胶漆(抹灰面)	$100m^2$	3.503

知识拓展

(1)装修的房间必须是封闭的

在绘制房间图元时,要保证房间必须是封闭的,否则会弹出如图 10.28 所示"确认"对话框,在 MQ1 的位置绘制一道虚墙。

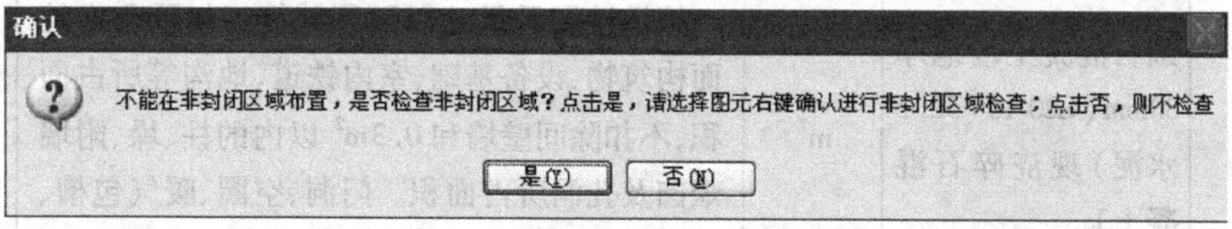

图 10.28

(2)探索软件中的楼梯画法

在广联达软件中,可以建立参数化楼梯,也可以分别绘制直行梯段、螺旋梯段和楼梯井,平台和休息平台板可以在现浇板中绘制，不妨试试，看看哪种更适合你。

10.2　其他层装修工程量计算

通过本节学习，你将能够：
(1)分析软件在计算装修时的计算思路；
(2)计算各层装修工程量。

1)分析图纸

由建施-0 中室内装修做法表可知，地下一层所用的装修做法和首层装修做法基本相同，地面做法为地面 1、地面 2、地面 3。二层至机房层的装修做法基本和首层的装修做法相同，可以把首层构件复制到其他楼层，然后重新组合房间即可。

由建施-2 可知地下一层地面为 -3.6m；由结施-3 可知地下室底板顶标高为 -4.4m，回填标高范围为 4.4m - 3.6m - 地面做法厚度。

2)清单、定额计算规则学习

(1)清单计算规则

其他层装修清单计算规则如表 10.8 所示。

表 10.8　其他层装修清单计算规则

编号	项目名称	单位	计算规则	备注
020102002	细石混凝土楼地面	m^2	按设计图示尺寸以面积计算。扣除凸出地面构筑物、设备基础、室内铁道、地沟等所占面积，不扣除间壁墙和 0.3m^2 以内的柱、垛、附墙烟囱及孔洞所占面积。门洞、空圈、暖气包槽、壁龛的开口部分不增加面积	
020105001	水泥砂浆踢脚线	m^2	按设计图示长度乘以高度以面积计算	

(2)定额计算规则(以地面 1 为例)

其他层装修定额计算规则如表 10.9 所示。

表 10.9　其他层装修定额计算规则

编号	项目名称	单位	计算规则	备注
1-17	细石混凝土楼地厚 30mm(C20-16(32.5 水泥)现浇碎石混凝土)	m^2	按设计图示尺寸以面积计算。扣除凸出地面构筑物、设备基础、室内铁道、地沟等所占面积，不扣除间壁墙和 0.3m^2 以内的柱、垛、附墙烟囱及孔洞所占面积。门洞、空圈、暖气包槽、壁龛的开口部分不增加面积	
1-152	地面垫层混凝土	m^3	按设计图示尺寸以体积计算	

3)房心回填的属性定义

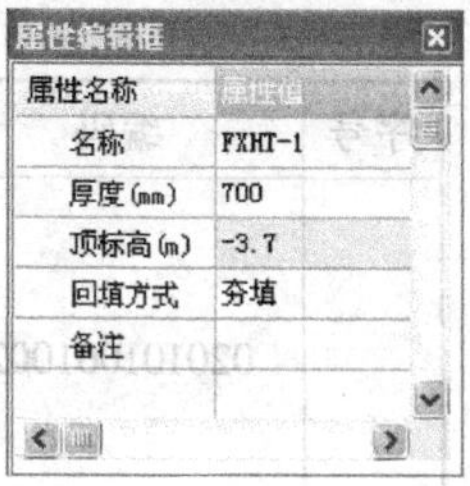

图 10.29

在模块导航栏中单击“土方”→“房心回填”,在构件列表中单击“新建”→“新建房心回填”,其属性定义如图 10.29 所示。

4)房心回填的画法讲解

单击“智能布置”→“拉框布置”,框选后单击右键确定。可以不用绘制,直接依附到房间里,如图 10.30 所示。

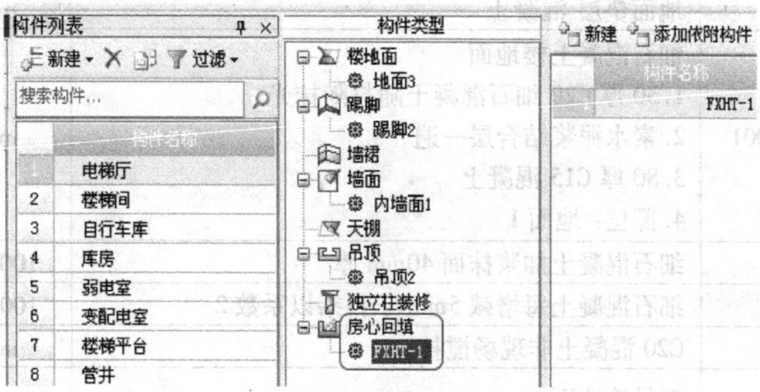

图 10.30

工程实战

汇总除首层外的各层装修工程量。

设置报表范围时,选择其他层装修,其实体工程量如表 10.10 所示。请读者与自己的结果进行核对,如果不同,请找出原因并进行修改。

表 10.10　其他层装修清单定额量

序号	编码	项目名称	单位	工程量
1	010103001002	土(石)方回填 1. 土质要求:素土 2. 要求:夯填 3. 部位:房心回填	m^3	542.8235
	1-26	回填夯实素土	$100m^3$	5.4283
2	010703002003	风井外墙面防水: 1. 1:3水泥砂浆找平 2. 1.5 厚聚氨酯涂膜防水层	m^2	6.1898
	9-106	非焦油聚氨酯涂膜,涂膜厚 1.5mm 平面	$100m^2$	0.0619
	换 8-21	20 厚 1:3水泥砂浆找平在填充材料上	m^2	6.1898
	8-22 ×2	找平层,水泥砂浆找平层每增减 5mm 子目乘以系数 2	$100m^2$	0.0619
3	020101001001	水泥砂浆楼地面 部位:管井	m^2	28.7438
	10-1	水泥砂浆楼地面 厚 20mm	$100m^2$	0.2876

续表

序号	编码	项目名称	单位	工程量
4	020101001002	水泥砂浆楼地面 1.20 厚 1:2水泥砂浆抹面压光 2.素水泥浆结合层一遍 3.80 厚 C15 混凝土 4.部位：地面 2	m^2	342.6888
	10-1	水泥砂浆楼地面	$100m^2$	3.3971
	换 B4-1	地面垫层 混凝土	m^3	27.177
5	020101003001	细石混凝土楼地面 1.30 厚 C20 细石混凝土随打随抹光 2.素水泥浆结合层一遍 3.80 厚 C15 混凝土 4.部位：地面 1	m^2	489.4563
	10-6	细石混凝土加浆抹面 40mm 厚	$100m^2$	4.8606
	10-8×2	细石混凝土每增减 5mm 子目乘以系数 2	$100m^2$	4.8606
	换 B4-1	C20 混凝土非现场搅拌	m^3	38.8846
6	020102001001	石材楼地面 1.20 厚大理石板铺实拍平,水泥浆擦缝 2.30 厚 1:4干硬性水泥砂浆 3.素水泥浆结合层一遍 4.部位:楼面 3	m^2	1844.3232
	10-19	天然石材 大理石楼地面	$100m^2$	18.3832
7	020102002001	块料楼地面 1.8~10 厚地砖铺实拍平,水泥浆擦缝或 1:1水泥砂浆填缝 2.5 厚 1:2.5 水泥砂浆(掺建筑胶) 3.20 厚 1:3水泥砂浆(掺建筑胶) 4.刷基层处理剂一遍 5.选用 400×400 防滑地砖 6.80 厚 C15 混凝土 7.部位：地面 3 防滑地砖楼地面	m^2	46.8063
	10-69	楼地面周长 2000 以内	$100m^2$	0.4658
	换 B4-1	地面垫层 混凝土	m^3	3.7266
8	020102002002	块料楼地面 1.8~10 厚地砖铺实拍平,水泥浆擦缝或 1:1水泥砂浆填缝 2.5 厚 1:2.5 水泥砂浆 3.20 厚 1:3水泥砂浆 4.素水泥浆结合层一遍 5.部位:楼面 1(防滑地砖地面) 6.选用 800×800 防滑地砖	m^2	174.9964
	10-70	800×800 防滑地砖	$100m^2$	1.7735

续表

序号	编码	项目名称	单位	工程量
9	020102002003	块料楼地面 1.8~10 厚地砖铺实拍平,水泥浆擦缝或 1:1水泥砂浆填缝 2.5 厚 1:2.5 水泥砂浆粘结层 3.20 厚 1:3干硬性水泥砂浆结合层 4.1.5 厚聚氨酯防水涂料,面上撒黄砂,四周上翻 150mm 高 5. 刷基层处理剂一遍 6.20 厚 1:3水泥砂浆找平 7.50 厚 1:3水泥砂浆找坡层,最薄处 20 厚,坡向地漏,一次抹平 8. 选用 400×400 防滑地砖 9. 部位:楼面 2 防滑地砖楼地面	m^2	147.525
	10-69	地板砖楼地面 规格(mm) 400×400	$100m^2$	1.4724
	9-106	聚氨酯涂膜两遍 厚 1.5mm 平面	$100m^2$	1.4724
	8-20	楼地面、屋面找平层 水泥砂浆 在混凝土或硬基层上厚 20mm(1:3水泥砂浆)	$100m^2$	1.4724
	8-23	楼地面、屋面找平层 细石混凝土 在硬基层上厚 30mm	$100m^2$	1.4724
	8-24×4	找平层,细石混凝土找平层每增减 5mm 子目乘以系数 4	$100m^2$	1.4724
10	020105001001	水泥砂浆踢脚线 1. 刷建筑胶素水泥浆一遍,配合比为建筑胶:水=1:4 2.10 厚 1:3水泥砂浆打底 3.8 厚 1:2.5 水泥砂浆抹面压光 4. 高度为 100mm 5. 踢脚 1(水泥砂浆踢脚)	m^2	52.4472
	10-5	水泥砂浆踢脚线	100m	0.3496
11	020105002001	石材踢脚线 1. 刷建筑胶素水泥浆一遍,配合比为建筑胶:水=1:4 2.8 厚 1:3水泥砂浆打底 3.8 厚 1:2水泥砂浆加水 20% 建筑胶镶贴 4.10 厚大理石板,水泥浆擦缝 5. 高度为 100mm,选用 800×100 深色大理石 6. 踢脚 3(大理石踢脚)	m^2	101.7727
	10-25	大理石踢脚线	$100m^2$	1.0177

续表

序号	编码	项目名称	单位	工程量
12	020105003001	块料踢脚线 1. 刷建筑胶素水泥浆一遍,配合比为建筑胶:水=1:4 2. 12 厚 1:3水泥砂浆打底 3. 5 厚水泥砂浆结合层 4. 6~10 厚面砖,水泥浆擦缝 5. 高度为 100mm,选用 400×100 深色地砖 6. 踢脚 2(地板砖踢脚)	m^2	26.34
	10-91	地板砖 踢脚线	$100m^2$	0.2635
13	020201001001	墙面一般抹灰 1. 10 厚 1:3水泥砂浆 2. 6 厚 1:2.5 水泥砂浆 3. 基层墙体:混凝土墙 4. 内墙	m^2	1213.4405
	10-248	水泥砂浆 砖、混凝土墙 厚 16mm	$100m^2$	10.6996
14	020201001002	墙面一般抹灰 1. 5 厚 1:2.5 水泥砂浆 2. 5 厚 1:0.5:2.5 水泥石灰砂浆 3. 8 厚 1:1:6水泥石灰砂浆 4. 基层墙体:加气混凝土墙 5. 内墙	m^2	3058.7318
	10-249	水泥砂浆 加气混凝土墙 厚 18mm	$100m^2$	26.2705
15	020201001003	墙面一般抹灰 1. 刷建筑素胶水泥浆一遍,配合比为建筑胶:水=1:4 2. 12 厚 1:3水泥砂浆打底 3. 8 厚 1:2.5 水泥砂浆抹面 4. 基层墙体:混凝土墙及砖墙 5. 外墙 2,3	m^2	1481.1202
	10-245	水泥砂浆混凝土墙 厚 20mm	$100m^2$	5.5503
16	020201001004	墙面一般抹灰 1. 刷建筑素胶水泥浆一遍,配合比为建筑胶:水=1:4 2. 6 厚 1:0.5:2.5 水泥石灰膏砂浆抹平 3. 8 厚 1:1:6水泥石灰砂浆 4. 基层墙体:加气混凝土墙 5. 外墙	m^2	1054.3948
	10-246	水泥砂浆 加气混凝土墙 厚 14mm	$100m^2$	10.2436
17	020202001002	柱面一般抹灰 1. 12 厚 1:3水泥砂浆 2. 8 厚 1:2.5 水泥砂浆 3. 部位:自行车库及首层门厅内圆柱面 4. 选用内墙抹灰做法	m^2	37.2243
	10-253	混凝土面多边形圆形柱面	$100m^2$	0.3776

续表

序号	编码	项目名称	单位	工程量
18	020202001002	柱面一般抹灰 1.素水泥砂浆一道 2.8厚1:2.5水泥砂浆 3.12厚1:3水泥砂浆	m^2	138.3918
	10-252	水泥砂浆 柱(梁)面	$100m^2$	1.4175
19	020204003001	块料墙面 1.刷建筑胶素水泥浆一遍,配合比为建筑胶:水=1:4 2.10厚1:3水泥砂浆打底压实抹平 3.刷素水泥浆一遍 4.5厚1:2建筑胶水泥砂浆镶贴 5.6~9厚面砖,水泥浆擦缝 6.基层墙体:混凝土墙 7.选用内墙200×300面砖	m^2	168.6126
	10-394	贴瓷砖 混凝土墙300×200	$100m^2$	1.5632
20	020204003002	块料墙面 1.刷建筑胶素水泥浆一遍,配合比为建筑胶:水=1:4 2.5厚1:2水泥砂浆打底压实抹平 3.刷素水泥浆一遍 4.6厚1:0.5:2.5水泥石灰砂浆 5.8厚1:1:6水泥石灰砂浆 6.6~9厚面砖,水泥浆擦缝 7.基层墙体:加气混凝土墙 8.选用内墙200×300面砖	m^2	974.0268
	10-395	贴瓷砖 加气混凝土墙300×200	$100m^2$	8.594
21	020301001001	天棚抹灰 1.钢筋混凝土板底面清理干净,刷素水泥浆一道甩毛 2.5厚1:0.3:2.5水泥石灰砂浆抹面找平 3.5厚1:0.3:3水泥石灰砂浆 4.表面喷刷涂料另选 5.涂料顶棚	m^2	1132.181
	10-663	天棚抹混合砂浆 混凝土面	$100m^2$	11.3218
22	020302001001	天棚吊顶(封闭式铝合金条板吊顶) 1.配套金属龙骨(龙骨由生产厂配套供应,安装按生产厂要求施工) 2.铝合金条型板 3.铝合金条板厚度0.8mm 4.部位:吊顶1	m^2	1196.5613
	10-737	天棚面层 铝合金条板 闭缝	$100m^2$	11.9837

续表

序号	编码	项目名称	单位	工程量
23	020302001002	天棚吊顶(铝合金T型暗龙骨,矿棉装饰板吊顶) 1.铝合金配套龙骨,主龙骨中距900~1000,T型龙骨中距300或600,横撑中距600 2.12厚592×592开槽矿棉装饰板 3.部位:吊顶2	m^2	1254.3145
	10-714	天棚T型铝合金龙骨架(不上人) 面层规格(mm) 600×600以内 平面	$100m^2$	12.5869
	10-759	天棚面层 矿棉装饰板 搁在铝合金龙骨上	$100m^2$	12.5869
24	020506001001	抹灰面油漆 1.清理抹灰基层 2.刷乳胶漆漆一度 3.满刮腻子两道 4.刷乳胶漆两遍	m^2	5579.9694
	10-1331	抹灰面油漆 乳胶漆抹灰面两遍	$100m^2$	50.0869
25	020506001002	抹灰面油漆 1.清理抹灰基层 2.满刮防水腻子 3.刷乳胶漆两遍	m^2	1474.9304
	B10-13	防水腻子刷乳胶漆(抹灰面)	$100m^2$	14.4393

10.3 外墙保温工程量计算

通过本节学习,你将能够:
(1)定义外墙保温层;
(2)统计外墙保温工程量。

1)分析图纸

分析建施-0中“三、节能设计”(见附录)可知,外墙外侧均作40厚的聚苯板保温。

2)清单、定额计算规则学习

(1)清单计算规则学习

外墙保温清单计算规则如表10.11所示。

表10.11 外墙保温清单计算规则

编号	项目名称	单位	计算规则	备注
010803003	保温隔热墙	m^2	按设计图示尺寸以面积计算。扣除门窗洞口所占面积;门窗洞口侧壁需做保温时,并入保温墙体工程量内	

(2)定额计算规则学习

外墙保温定额计算规则如表10.12所示。

表10.12　外墙保温定额计算规则

编号	项目名称	单位	计算规则	备注
9-118	聚苯板外墙面保温涂料饰面下	m^2	外墙按隔热层中心线、内墙按隔热层净长线乘以图示尺寸的高度以面积计算，扣除门窗洞口所占面积；门窗洞口侧壁需做保温时，并入保温墙体工程量内	

3)属性定义

保温层的属性定义，如图10.31所示。

属性编辑框

属性名称	属性值	附加
名称	外墙保温	
材质	苯板	□
厚度(mm)	50	□
空气层厚度(mm	10	□
备注		□

图10.31

4)做法套用

地上外墙保温层的做法套用，如图10.32所示。

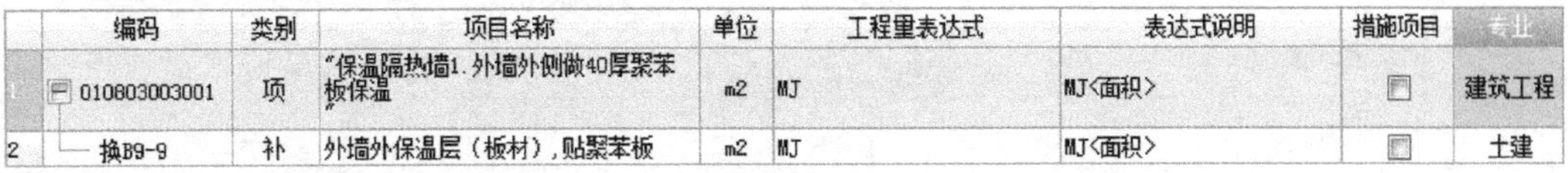

	编码	类别	项目名称	单位	工程量表达式	表达式说明	措施项目	专业
1	010803003001	项	"保温隔热墙1.外墙外侧做40厚聚苯板保温"	m2	MJ	MJ<面积>	□	建筑工程
2	换B9-9	补	外墙外保温层（板材），贴聚苯板	m2	MJ	MJ<面积>	□	土建

图10.32

5)画法讲解

切换到基础层，单击“其他”→“保温层”，选择“智能布置”→“外墙外边线”，把外墙局部放大，可以看到在混凝土外墙的外侧有保温层，如图10.33所示。

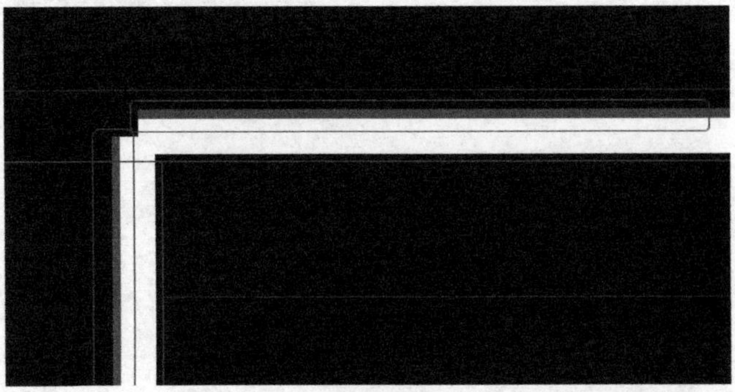

图10.33

工程实战

(1)绘制其他层保温层。

按照以上保温层的绘制方法,完成其他层外墙保温层的绘制。

(2)汇总外墙保温层工程量。

在设置报表范围时,选择所有层的保温层。外墙保温实体工程量如表10.13所示。请读者与自己的结果进行核对,如果不同,请找出原因并进行修改。

表10.13 外墙保温清单定额量

序号	编码	项目名称	单位	工程量
1	010803003001	保温隔热墙 外墙外侧做40厚聚苯板保温	m^2	2627.8279
	换 B9-9	外墙外保温层(板材),贴聚苯板	m^2	2627.8279

第 11 章　楼梯工程量计算

通过本章学习,你将能够:

(1)掌握新建参数化楼梯;

(2)统计楼梯的工程量;

(3)定义楼梯;

(4)套用楼梯相关清单定额;

(5)汇总楼梯工程量。

1)分析图纸

分析结施-15“一号楼梯平法施工图”和结施-16“二号楼梯平法施工图”,楼梯参数是不同的,因此需要建两个楼梯构件。

2)画法讲解

①在楼梯操作界面“新建参数化楼梯”,根据图纸选择参数化图形为“标准双跑Ⅰ”,在编辑图形参数界面时,按图纸要求修改相关参数设置,如图 11.1 所示。

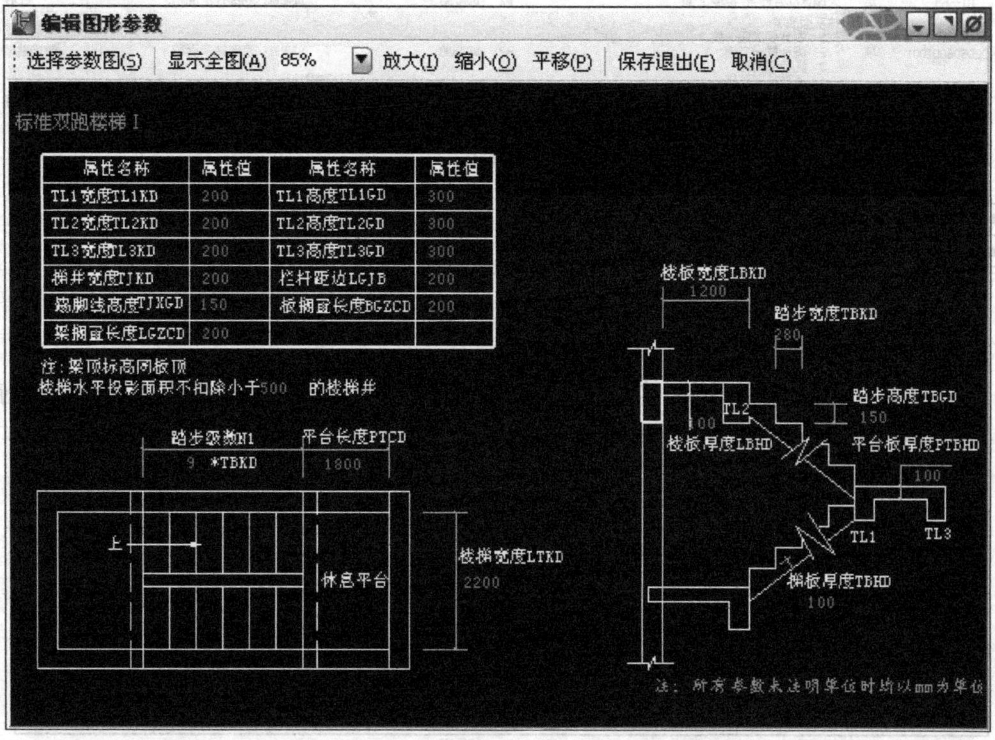

图 11.1

②设置完成之后单击保存退出,楼梯构件即建立完毕。

③进入绘图界面,在④~⑤轴间点画一号楼梯,在⑩~⑪轴间点画二号楼梯。

3)做法套用

经分析图纸发现,一号楼梯和二号楼梯参数不同,但其装修做法是相同的,如图 11.2 所示。

	编码	类别	项目名称	单位	工程量表达式	表达式说明	措施项目	专业
1	010406001001	项	直形楼梯 1. 混凝土强度等级: c25 2. 混凝土拌和料要求: 商品混凝土	m2	TYMJ	TYMJ<水平投影面积>	□	建筑工程
2	换B4-1	补	C20混凝土非现场搅拌	m3	TYMJ*0.2688	TYMJ<水平投影面积>*0.2688	□	土建
3	020105003001	项	块料踢脚线1.刷建筑胶素水泥浆一遍，配合比为建筑胶：水=1：4 1. 12厚1: 3水泥砂浆打底 3.5厚水泥砂浆结合层 2. 6-10厚面砖，水泥浆擦缝: 3. 高度为100mm，选用400*100深色地砖: 4. 踢脚2（地板砖踢脚）:	m2	TJXMMJ	TJXMMJ<踢脚线面积（斜）>	□	装饰装修工程
4	10-91	定	地板砖 踢脚线	m2	TJXMMJ	TJXMMJ<踢脚线面积（斜）>	□	土建
5	020107001001	项	金属扶手带栏杆、栏板1.部位：楼梯、大堂、窗户	m	LGCD	LGCD<栏杆扶手长度>	□	装饰装修工程
6	10-206	定	扶手、弯头 不锈钢扶手直形Φ60	m	LGCD	LGCD<栏杆扶手长度>	□	土建
7	020106002001	项	块料楼梯面层1.8-10厚地砖铺实拍平，水泥浆擦缝或1：1水泥砂浆填缝 1. 5厚1: 2.5水泥砂浆 2. 20厚1: 3水泥砂浆 3. 素水泥浆结合层一遍: 4. 钢筋混凝土楼梯: 5. 选用800*800防滑地砖:	m2	TYMJ	TYMJ<水平投影面积>	□	装饰装修工程
8	10-71	定	地板砖 楼梯面层	m2	TYMJ	TYMJ<水平投影面积>	□	土建
9	020301001001	项	天棚抹灰（楼梯底部）1.钢筋混凝土板底面清理干净 ,刷素水泥浆一道甩毛 2.5厚1:0.3:2.5水泥石灰砂浆抹面找平 1. 5厚1: 0.3：3水泥石灰砂浆 2. 表面喷刷涂料另选: 3. 涂料顶棚:	m2	DBMHMJ	DBMHMJ<底部抹灰面积>	□	装饰装修工程
10	10-663	定	天棚抹混合砂浆 混凝土面	m2	DBMHMJ	DBMHMJ<底部抹灰面积>	□	土建
11	020506001001	项	抹灰面油漆 1. 刷乳胶漆漆一度: 2. 满刮腻子二道: 3. 乳胶漆两遍: 4. 清理抹灰基层:	m2	DBMHMJ	DBMHMJ<底部抹灰面积>	□	装饰装修工程
12	10-1331	定	抹灰面油漆 乳胶漆抹灰面二遍	m2	DBMHMJ	DBMHMJ<底部抹灰面积>	□	土建

图 11.2

工程实战

(1)完成首层及其他层的楼梯绘制。

(2)汇总楼梯工程量。

设置报表范围时,选择楼梯,其实体工程量如表 11.1 所示。请读者与自己的结果进行核对,如果不同,请找出原因并进行修改。

表 11.1 楼梯清单定额

序号	编码	项目名称	单位	工程量
1	010406001001	直形楼梯 1.混凝土强度等级:C25 2.混凝土拌和料要求: 商品混凝土	m^2	112.5375
	换 B4-1	C20 混凝土非现场搅拌	m^3	30.2501

续表

序号	编码	项目名称	单位	工程量
2	020105003001	块料踢脚线 1. 刷建筑胶素水泥浆一遍，配合比为建筑胶：水 = 1:4 2. 12 厚 1:3 水泥砂浆打底 3. 5 厚水泥砂浆结合层 4. 6 ~ 10 厚面砖，水泥浆擦缝 5. 高度为 100mm，选用 400 × 100 深色地砖 6. 踢脚 2（地板砖踢脚）	m^2	17.79
	10-91	地板砖 踢脚线	$100m^2$	0.1779
3	020106002001	块料楼梯面层 1. 8 ~ 10 厚地砖铺实拍平，水泥浆擦缝或 1:1 水泥砂浆填缝 2. 5 厚 1:2.5 水泥砂浆 3. 20 厚 1:3 水泥砂浆 4. 素水泥浆结合层一遍 5. 钢筋混凝土楼梯 6. 选用 800 × 800 防滑地砖	m^2	112.5375
	10-71	地板砖 楼梯面层	$100m^2$	1.1253
4	020107001001	金属扶手带栏杆、栏板 部位：楼梯、大堂、窗户	m	71.3656
	10-206	扶手、弯头 不锈钢扶手直形 $\phi 60$	100m	0.7136
5	020301001001	天棚抹灰（楼梯底部） 1. 钢筋混凝土板底面清理干净，刷素水泥浆一道甩毛 2. 5 厚 1:0.3:2.5 水泥石灰砂浆抹面找平 3. 5 厚 1:0.3:3 水泥石灰砂浆 4. 表面喷刷涂料另选 5. 涂料顶棚	m^2	130.8304
	10-663	天棚抹混合砂浆 混凝土面	$100m^2$	1.3083
6	020506001001	抹灰面油漆 1. 刷乳胶漆漆一度 2. 满刮腻子两道 3. 刷乳胶漆两遍 4. 清理抹灰基层	m^2	130.8304
	10-1331	抹灰面油漆 乳胶漆抹灰面两遍	$100m^2$	1.3083

第 12 章　钢筋算量软件与图形算量软件的无缝联接

通过本章学习，你将能够：

(1)掌握钢筋算量软件导入图形算量软件的基本方法；

(2)掌握如何处理剪力墙构件中的暗柱、暗梁；

(3)修改墙体材质属性；

(4)绘制钢筋中未完成的图元。

1)新建工程，导入钢筋工程

参照 1.1 节的方法，新建工程。

①新建完毕后，进入图形算量的起始界面，单击"文件"→"导入钢筋(GGJ2009)工程"，如图 12.1 所示。

②弹出"打开"对话框，选择钢筋工程文件所在位置，单击"打开"按钮，如图 12.2 所示。

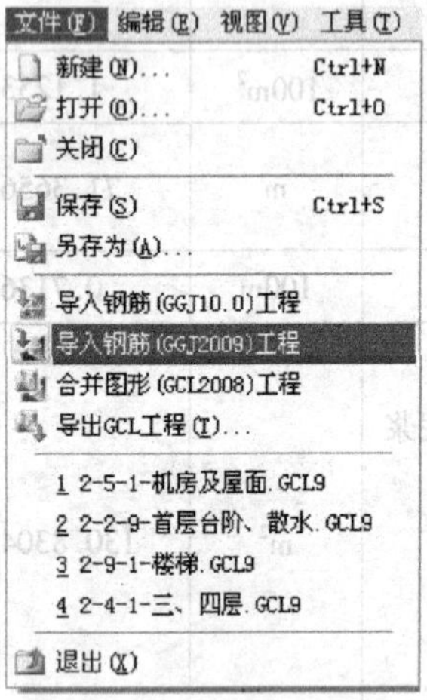

图 12.1

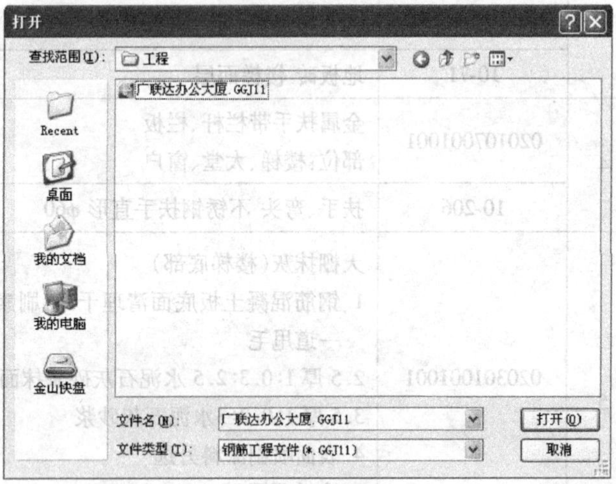

图 12.2

③弹出如图 12.3 所示"提示"对话框，单击"确定"按钮，弹出"层高对比"对话框，选择"按照钢筋层高导入"，如图 12.4 所示。

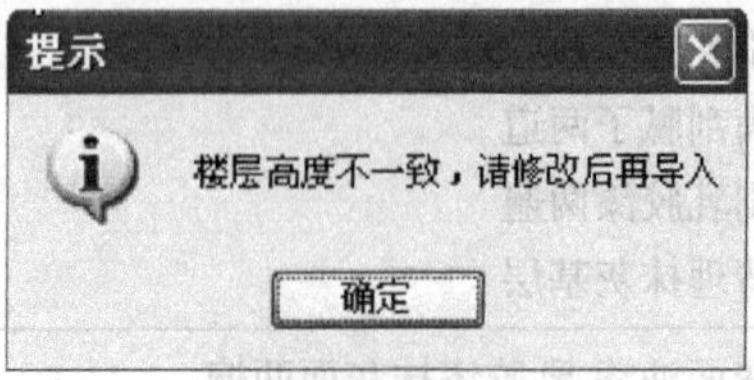

图 12.3

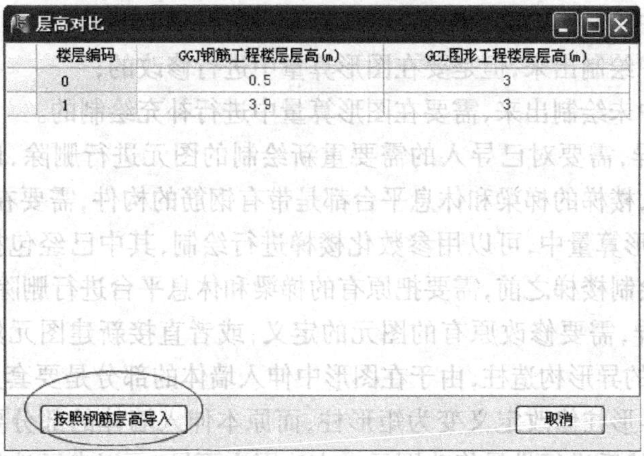

图12.4

④弹出如图12.5所示对话框，楼层列表下方单击“全选”，在构建列表中“轴网”后的方框中打钩选择，然后单击“确定”按钮。

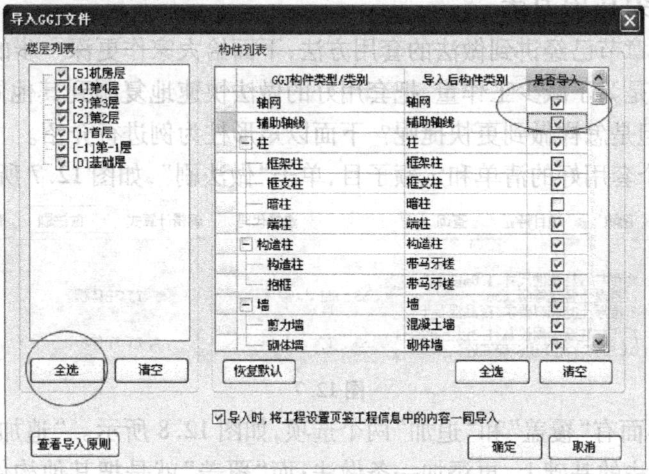

图12.5

⑤导入完成后出现如图12.6所示“提示”对话框，单击“确定”按钮完成导入。

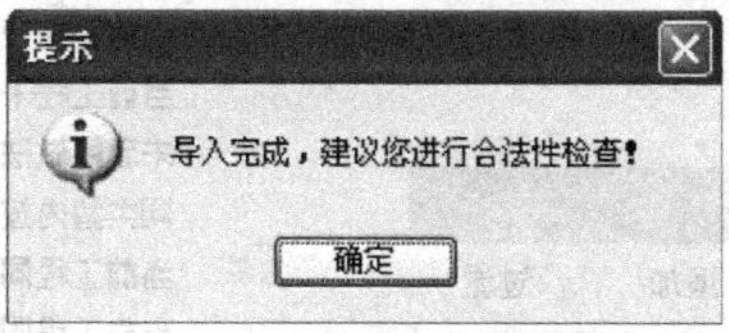

图12.6

⑥在此之后，软件会提示你是否保存工程，建议立即保存。

2)分析差异

因为钢筋算量只是计算了钢筋的工程量，所以在钢筋算量中其他不存在钢筋的构件没有进行绘制，所以需要我们在图形算量中将它们补充完整。

在补充之前，我们需要先分析钢筋算量与图形算量的差异，其差异分为3类：

①在钢筋算量中绘制出来,但是要在图形算量中进行重新绘制的;

②在钢筋算量中绘制出来,但是要在图形算量中进行修改的;

③在钢筋算量中未绘制出来,需要在图形算量中进行补充绘制的。

对于第一种差异,需要对已导入的需要重新绘制的图元进行删除,以便以后重新绘制。例如,在钢筋算量中,楼梯的梯梁和休息平台都是带有钢筋的构件,需要在钢筋算量中定义并进行绘制,但是在图形算量中,可以用参数化楼梯进行绘制,其中已经包括梯梁和休息平台,所以在图形算量中绘制楼梯之前,需要把原有的梯梁和休息平台进行删除。

对于第二种差异,需要修改原有的图元的定义,或者直接新建图元然后替换进行修改。例如,在钢筋中定义的异形构造柱,由于在图形中伸入墙体的部分是要套用墙的定额,那么在图形算量时需要把异形柱修改定义变为矩形柱,而原本伸入墙体的部分要变为墙体;或者可以直接新建矩形柱,然后进行批量修改图元。方法因人而异,可以自己选择。

对于第三种差异,需要在图形算量中定义并绘制出来。例如,建筑面积、平整场地、散水、台阶、基础垫层、装饰装修等。

3)做法的分类套用方法

在本书前面的章节已经讲到做法的套用方法,下面给大家作更深一步的讲解。

做法刷其实就是为了减少工作量,把套用好的做法快速地复制到其他同样需要套用此种做法的快捷方式,但是怎样做到更快捷呢?下面以矩形柱为例进行介绍。

首先,选择一个套用好的清单和定额子目,单击"做法刷",如图12.7所示。

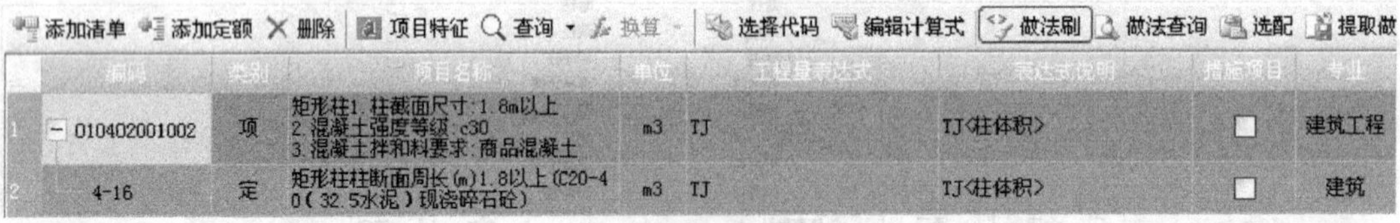

图12.7

在"做法刷"界面有"覆盖"和"追加"两个选项,如图12.8所示。"追加"就是在其他构件中已经套用好的做法的基础上,再添加一条做法;而"覆盖"就是把其他构件中已经套用好的做法覆盖掉。选择好之后,单击"过滤",出现如图12.9所示下拉菜单。

图12.8

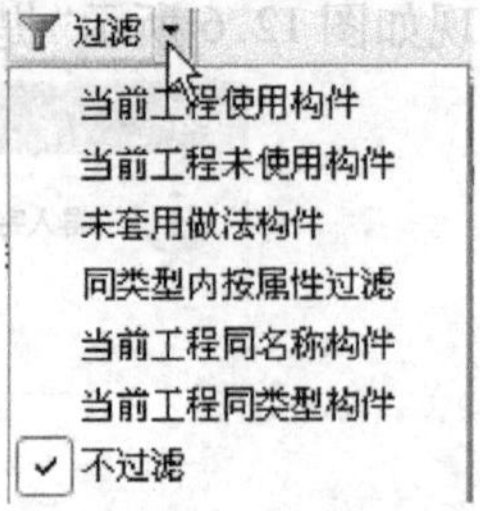

图12.9

我们发现在"过滤"的下拉菜单中有很多种选项,以"同类型内按属性过滤"为例,讲解一下"过滤"的功能。

首先选择"同类型内按属性过滤",出现如图12.10所示对话框。可以在前面的方框中勾选需要的属性,以"截面周长"属性为例。勾选"截面周长"前的方框,在"属性内容栏"中输入需要的数值(格式需要和默认的一致),然后单击“确定”按钮,此时在对话框左边的楼层信息菜单中显示的构件均为已过滤并符合条件的构件(见图 12.11),这样便于选择并且不会出现错误。

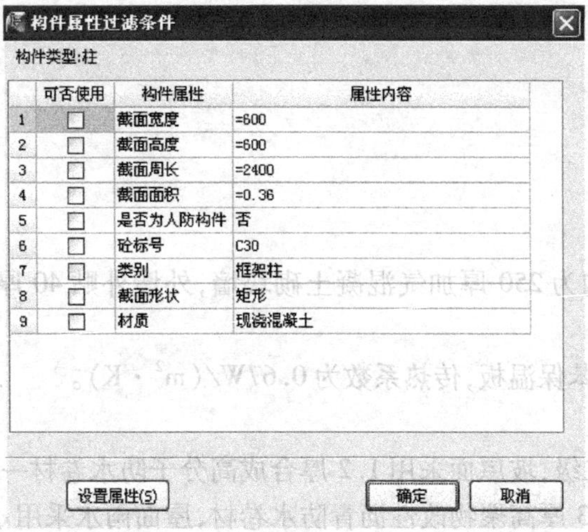

图 12.10

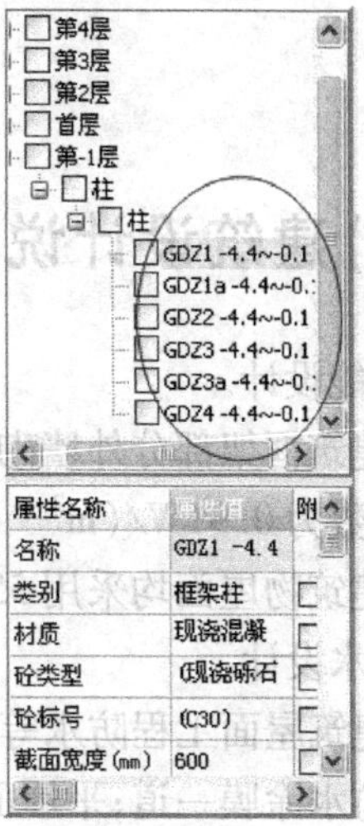

图 12.11

附录 陕西版图纸补充说明

(一)建筑设计说明

三、节能设计

2. 本建筑框架部分外墙砌体结构为250厚加气混凝土砌块墙,外墙外贴40厚聚苯保温板,传热系数为0.91W/($m^2 \cdot K$)。

4. 本建筑物屋面均采用55厚聚苯保温板,传热系数为0.67W/($m^2 \cdot K$)。

四、防水设计

2. 本建筑屋面工程防水等级为二级,坡屋面采用1.2厚合成高分子防水卷材一道,2厚合成高分子防水涂膜一道;平屋面采用3厚高聚物改性沥青防水卷材,屋面雨水采用ϕ100UPVC内排水方式。

3. 楼地面防水:凡需要做楼地面防水的房间,防水做法均为刷1.5厚聚氨酯防水涂料,面撒黄砂,四周沿墙上翻150mm高,房间在做完闭水试验后再进行下道工序施工。凡管道穿楼板处均预埋防水套管。

六、墙体设计

1. 外墙:地上部分,均为250厚加气混凝土砌块墙体。

2. 内墙:均为200厚加气混凝土砌块墙体。

七、门窗表

请将所有的铝塑材质的门和窗改为塑钢门窗,玻璃推拉门改为塑钢推拉门。

(二)工程做法(陕09G01)

一、室外装修设计

1)屋面1:铺地砖保护层上人屋面

①8~10厚600×600防滑地砖用3厚1:1水泥砂浆粘贴,缝宽5,用1:1水泥砂浆勾缝;

②25厚1:3水泥砂浆加建筑胶找平层;

③1.5厚SBS高聚物改性沥青防水卷材两道;

④30厚聚苯乙烯泡沫塑料板;

⑤1:6水泥焦渣找坡按最薄处30厚;

⑥钢筋混凝土屋面板。

2)屋面2:坡屋面

①20厚1:2.5水泥砂浆保护层,每1m见方半缝分格;

②1.2厚SBS高聚物改性沥青防水卷材两道;

③25 厚 1∶3水泥砂浆找平层；
④1∶6水泥焦渣找坡最薄处 30 厚；
⑤钢筋混凝土屋面板。
3)屋面3(同屋面2)：不上人屋面
①20 厚 1∶2.5 水泥砂浆保护层，每 1m 见方半缝分格；
②1.2 厚合成高分子材料防水卷材两道；
③25 厚 1∶3水泥砂浆找平层；
④1∶6水泥焦渣找坡最薄处 30 厚；
⑤钢筋混凝土屋面板。
二、室内装修设计
1)地面
(1)地面1：细石混凝土地面
①30 厚 C20 细石混凝土随打随抹光；
②素水泥浆结合层一遍；
③80 厚 C15 混凝土。
(2)地面2：水泥砂浆地面
①20 厚 1∶2水泥砂浆抹面压光；
②水泥浆一道(内掺建筑胶)；
③80 厚 C15 混凝土垫层。
(3)地面3：地砖地面。
①8～10 厚地砖铺实拍平，水泥浆擦缝或 1∶1水泥砂浆填缝；
②5 厚 1∶2.5 水泥砂浆结合层；
③20 厚 1∶3干硬性水泥砂浆结合层；
④素水泥浆一道；
⑤选用 400×400 防滑地砖；
⑥80 厚 C15 混凝土。
2)楼面
(1)楼面1：地砖楼面(800×800)
①8～10 厚地砖铺实拍平，水泥浆擦缝或 1∶1水泥砂浆填缝；
②20 厚 1∶4干硬性水泥砂浆；
③素水泥浆结合层一遍；
④选用 800×800 防滑地砖。
(2)楼面2：地砖防水楼面(400×400)
①8～10 厚地砖铺实拍平，水泥浆擦缝或 1∶1水泥砂浆填缝；
②30 厚 1∶4干硬性水泥砂浆；
③1.5 厚聚氨酯防水涂料，面上撒黄砂，四周上翻 150mm 高；
④刷基层处理剂一遍；
⑤1∶3水泥砂浆找坡层，最薄处 20 厚，坡向地漏，一次抹平；

⑥选用400×400防滑地砖。

(3)楼面3:大理石楼面(800×800)

①20厚大理石板铺实拍平,水泥浆擦缝;

②30厚1:4干硬性水泥砂浆;

③素水泥浆结合层一遍。

3)踢脚

(1)踢脚1:水泥砂浆踢脚

①刷建筑胶素水泥浆一遍,配合比为建筑胶:水=1:4;

②7厚2:1:8水泥砂浆打底;

③5厚1:2.5水泥砂浆抹面压光;

④高度为100mm。

(2)踢脚2:地砖踢脚(400×100深色砖)

①刷建筑胶素水泥浆一遍,配合比为建筑胶:水=1:4;

②8厚1:3水泥砂浆打底;

③5厚水泥砂浆结合层;

④6~10厚面砖,水泥浆擦缝;

⑤高度为100mm,选用400×100深色地砖。

(3)踢脚3:大理石踢脚(800×100黑色大理石)

①刷建筑胶素水泥浆一遍,配合比为建筑胶:水=1:4;

②8厚1:3水泥砂浆打底;

③8厚1:2水泥砂浆加水20%建筑胶镶贴;

④10厚大理石板,水泥浆擦缝;

⑤高度为100mm,选用800×100深色大理石。

4)内墙面

(1)内墙面1:水泥砂浆内墙面

①12厚1:3水泥砂浆;

②6厚1:2.5水泥砂浆;

③基层墙体:加气混凝土墙;

④内墙。

(2)内墙面2:金属瓷砖墙面200×300白瓷片

①刷建筑胶素水泥浆一遍,配合比为建筑胶:水=1:4;

②10厚1:3水泥砂浆打底压实抹平;

③刷素水泥浆一遍;

④6厚1:2建筑胶水泥砂浆镶贴;

⑤6~9厚面砖,水泥浆擦缝;

⑥基层墙体:加气混凝土墙。

5)顶棚

(1)顶棚1:抹灰顶棚

①钢筋混凝土板底面清理干净，刷素水泥浆一道甩毛；
②5 厚 1∶0.3∶2.5 水泥石灰膏砂浆抹面找平；
③5 厚 1∶0.3∶3水泥砂浆；
④表面喷刷涂料另选；
⑤涂料顶棚。
8）混凝土散水做法
①60 厚 C15 混凝土，面上加 5 厚 1∶1水泥砂浆随打随抹光；
②150 厚 3∶7灰土；
③素土夯实，向外坡 4%。
9）水泥砂浆台阶做法
①20～25 厚石质花岗岩踏步及踢脚板，水泥浆擦缝；
②30 厚 1∶4干硬性水泥砂浆；
③素水泥浆结合层一遍；
④混凝土台阶；
⑤300 厚 3∶7灰土；
⑥素土夯实。

（三）结构设计说明

三、自然条件
3. 场地的工程地质条件
（2）场地位于西安市长安县南部。

（四）建筑平面图

请将所有的铝塑门窗改为塑钢门窗。外墙厚改为 250mm，内墙厚改为 200mm。